PATRICK MOORE'S
GUIDE TO THE
MOON

月球旅行
指南

［英］BBC《仰望夜空》(*Sky at Night*) 杂志 编

毛永娜 译

人 民 邮 电 出 版 社

北 京

图书在版编目（ＣＩＰ）数据

月球旅行指南 / 英国BBC《仰望夜空》杂志编；毛
永娜 译. -- 北京 ：人民邮电出版社，2019.12
（BBC夜空探索）
ISBN 978-7-115-51842-2

Ⅰ．①月… Ⅱ．①英… ②毛… Ⅲ．①月球探索－普
及读物 Ⅳ．①V1-49

中国版本图书馆CIP数据核字(2019)第178706号

内 容 提 要

　　《仰望夜空》（Sky at Night）杂志是一本由英国广播公司（BBC）出版的关于天文学和天文观测的杂志，这本杂志是在 BBC 已有 50 多年历史的《仰望夜空》专栏电视节目的基础上诞生的。《仰望夜空》栏目曾由知名天文学家帕特里克·摩尔先生主持，现已成为BBC 的经典节目之一。从宇航登月到日食观测，从夜观天象到人物访谈，从天文摄影到太空探索，这本杂志的内容包罗万象、应有尽有。

　　本书是 BBC 基于《仰望夜空》杂志出版的一系列图书之一，主要介绍了观测我们的卫星——月球的方法及技巧。本书从认识月球所需的基础知识讲起，作者将月球分为了 4 个象限，详细讲解了在各象限中值得重点观测的目标及观测方法，最后还给出了月球摄影指南及对未来月球基地的畅想等内容。

　　本书适合广大天文爱好者阅读、收藏。

◆ 编　　　　 [英]BBC《仰望夜空》（Sky at Night）杂志
译　　　　 毛永娜
责任编辑　 王朝辉
责任印制　 陈 犇

◆ 人民邮电出版社出版发行　　北京市丰台区成寿寺路 11 号
邮编 100164　电子邮件 315@ptpress.com.cn
网址 http://www.ptpress.com.cn
北京东方宝隆印刷有限公司印刷

◆ 开本：787×1092　1/16
印张：6.75　　　　　　　　2019 年 12 月第 1 版
字数：222 千字　　　　　　2019 年 12 月北京第 1 次印刷
著作权合同登记号　图字：01-2018-3885 号

定价：55.00 元
读者服务热线：(010)81055410　印装质量热线：(010)81055316
反盗版热线：(010)81055315
广告经营许可证：京东工商广登字 20170147 号

序 言

我无法记起我第一次看向月球的时刻，也想不起我何时意识到月球是个大石块而非奶酪球。很久很久以前，作为绕太阳旋转的地球的一个固定伴侣，它就一直在那里，就像天空是蓝色的一样显而易见。

我怀疑我不是孤独的，或者说不是唯一一个认为"它是一个奇妙世界"的人。它不只是一个"银盘"，还是一个充斥着无数的环形山、巍峨高峰和狭长山谷等复杂地貌的地方；一个从未远离过地球，但是每天看起来都不同的地方。在天文学中，我们习惯把我们的邻居当作麻烦，因为它明亮的眩光阻碍了我们使用望远镜来观测更远的地方。而在本书中，我们将会告诉你为什么月球在几个世纪里都吸引着人类。

帕特里克·摩尔爵士的文章能够帮助你了解我们这个最近的邻居。在本书中，你可以找到很多他的专栏文章，还有一些来自于皮特·劳伦斯的专栏文章。我们根据象限来安排内容，并按照纬度降序的方式编排以便于检索。同时我们还给出了一个月球观测的基础指

"在天文学中，我们习惯把我们的邻居当作麻烦，因为它明亮的眩光阻碍了我们使用望远镜来观测更远的地方。"

南，告诉你如何深入地探索它那些隐藏的峡谷和不起眼的地区，甚至还将带你进入月球摄影的世界。

月球的特别之处在于任何人都能看见它，不论你生活在乡下还是在市中心，不论你利用望远镜还是仅仅使用肉眼，你仅需仰望夜空。

凯夫·洛春
BBC《仰望夜空》杂志编辑

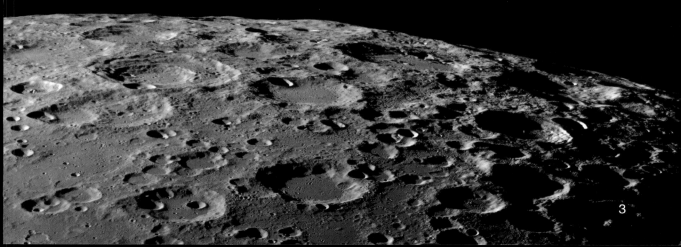

98

48

72

7

12

95

4　月球旅行指南

目　录

帕特里克观点：曾是月球人，永是月球人 ………………… 6

我们一直以来的伴侣 ………………………………………… 8

丈量月球的大小 …………………………………………… 16

帕特里克观点：变化的环形山和移动的月海 ………… 22

月球观测基础 ……………………………………………… 24

月表观测：东北象限 …………………………………… 29

月球真实的颜色 …………………………………………… 40

月表观测：东南象限 …………………………………… 45

发现月球峡谷 ……………………………………………… 56

月表观测：西北象限 …………………………………… 62

探索月球穹顶 ……………………………………………… 77

月表观测：西南象限 …………………………………… 82

月球摄影指南 ……………………………………………… 96

帕特里克观点：无人探月任务应当持续 ……………… 101

谷歌的月球 X 大奖 ……………………………………… 103

月球背面的望远镜 ………………………………………… 104

未来畅想：我们需要一个月球基地来探索恒星世界 ……… 106

曾是月球人，永是月球人

透过望远镜看了一眼月球，这引发了一个男孩对我们星球唯一的自然卫星终生的热爱。

在我 7 岁那年，我第一次透过望远镜看月球。我们家的一位朋友梅杰·AE.莱文在赛尔西拥有一个天文台（很久以前我住在那里），我在那里使用了他的 152.4 毫米（6 英寸）折射望远镜。那天，月球是我们的第一个目标，我透过目镜看到了山脉、环形山和峡谷，显然当时的我并不理解它们真正是什么，但我入迷了。我记得当时我说："等我长大了，我要研究月球"，后来我也做到了。

当然，在 1930 年时，一切都与现在不同，关于月球，我们知道的比现在要少得多。它被认为有足够多的大气能够形成薄云，并且有一定数量的火山活动在持续，我们对它总是背向地球的一面完全一无所知。至于旅行到那里——好吧，直到第二次世界大战结束之后，一位非常资深的天文学家，理查德·范·德·里特伍莱对此做出了明确的说明，即太空旅行的整个想法都是"彻底胡扯"。

虽然对于我，作为一个小男孩，月球似乎是那么遥远难以到达，但我仍然想找到自己的探月之路。因此，当我在 1933 年得到了属于我自己的 76.2 毫米（3 英寸）折射望远镜时，我架设好了它。这台望远镜花费了 7.10 英镑，我一直保存着它，它是我最珍贵的财产之一。

我使用我自己的观测方法和记录方法，并且我相信这也适用于其他的新手，因此，它似乎值得被传播。

月球的形态似乎会随着太阳照射角度的变化而改变，这可能会让人感到迷惑。大环壁平原马基努斯是一个很好的例子，当在晨昏圈附近看它时，它非常壮观，环壁上的高峰在它的底部投下长长的阴影，但在明亮的环境下它却难以辨认。曾有人说过"满月不识马基努斯"。我们能够在阳光照射下找到一些拥有非常暗的底部（如柏拉图、比利、格里马尔迪）或者拥有非常明亮的峭壁（如阿里斯塔克、普罗科洛斯）的环形山，但这只是例外而不是规律。

▲ 帕特里克的第一台望远镜，在他的一生中这一直是其珍贵的财产。

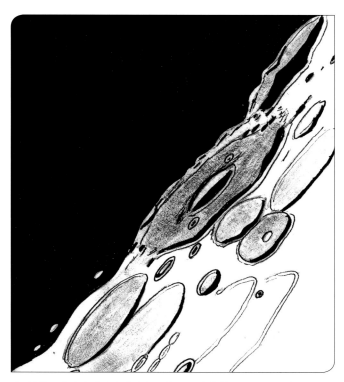
▲ 帕特里克关于月球上爱因斯坦火山口的素描，画于 1964 年 8 月。

我所做的是采用轮廓图的方法来解决这个难题，即在不同的照射条件下对每个命名对象绘制 3 幅图。这个工作花费了我超过 1 年的时间，我现在仍然保留着这些素描。当然，从科学上讲，它们是没有价值的，但是当我完成这个工作时，比起我的家乡东格林斯特德，我更容易在月球上找到方向。

我从这个工作中学到的一点是：不要试图描绘一块太大的区域，专注于将其缩小。例如，大暗底环形山柏拉图的直径有 109 千米，当我描绘它的时候，把它调整为大约 25.4 毫米（1 英寸）那么大，先做主要的轮廓，然后用更高的分辨率填充细节。

一个新的月海？

今天，类似于我口径为 381 毫米（15 英寸）反射式望远镜的设备都能够用来拍摄月球的照片，远好于任何专业天文台在几十年前的拍摄结果。CCD 图像传感器及类似的设备革新了一切。仅依赖于我们的眼睛，业余天文爱好者也可能获得有趣的发现。

1945 年，当我最终脱下英国皇家空军制服时，我的精力回到了观测月球上。我非常幸运地获得了使用真正大型折射望远镜的机会，尤其是巴黎 838.2 毫米（33 英寸）、约翰内斯堡 685.8 毫米（27 英寸）和亚利桑那弗拉格斯塔夫的罗威尔天文台的 609.6 毫米（24 英寸）望远镜，同时我也仍然在自己位于东格林斯特德的天文台使用现代的反射望远镜（我于 1967 年才在塞尔西定居）。我专注于观测月球边缘的构成，它们是非常狭窄的，同时依赖于天平动进出视场。

在 20 世纪 40 年代晚期，我描绘了一个月球表面结构的边缘图，其中大部分是在背向地球的一侧以至于我在极端的天平动时只能看到很小的一部分。它并不在我的月球地图上。我称之为东方的月海——东海，同时我将结果发送给英国天文学会的月球分部，我确信我是第一个看到它的人。但是……我并不是，1906 年由德国天文学家朱利叶斯·弗兰兹绘制的月球图清楚地表明了这一点——他也称之为东海（因为它位于东部，很久以后，国际天文学联合会将东西方向颠倒了过来）。当然，我们现在有非常详细的月球背侧地图，并且东海是一个巨大的环状结构，不同于月球上的其他任何东西。与此同时，我还描绘了一个巨大的现在被命名为"爱因斯坦"的环形山，我想我是第一个看到它的，但这并不重要。

持久的魅力

至少我关于天平动区域的地图被使用了。我是一个非常大的团队中一个微不足道的成员，随着人类登陆月球，那时成为一个令人兴奋的时代。阿波罗任务期间我担任电视评论员，当阿波罗 8 号载人绕月时我正在电视中解说；当尼尔·阿姆斯特朗在静海的贫瘠岩石上"迈出一小步"时，我也正在电视中解说。我无法回忆出当时准确的话语，而且不幸的是电视台丢失了所有的录像带，但是这是一个永远无法遗忘的时刻。

阿波罗任务之后，我将月球观测集中于月球瞬变现象（一个我发明的术语）。这里还有很多的工作要做，并且毫无疑问，月球瞬变现象是真实的，尽管大动荡属于遥远的过去，但月球并不是完全宁静的。而人类下一步将会建立月球基地，月球终将会成为一个生机勃勃的世界。

作为一位 86 岁的老人，我无法期待看到这些，或者获得更多的观测结果，但我的兴趣和热情仍同以往一样高涨。以往我一直是月球人，而我仍将是月球人，直到我生命结束。

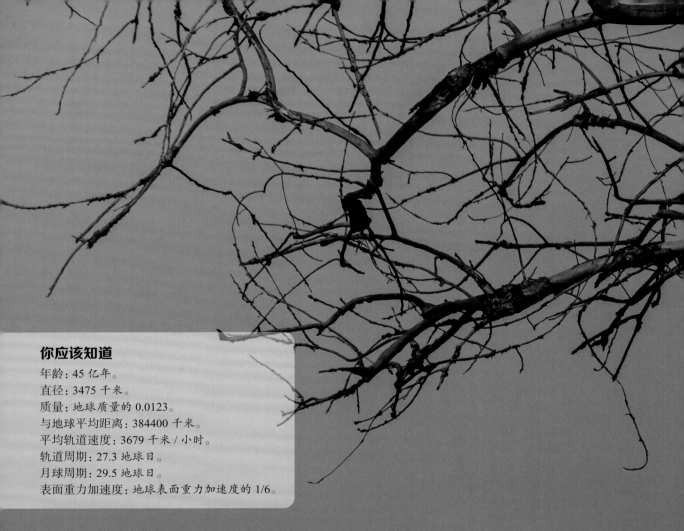

你应该知道

年龄：45 亿年。
直径：3475 千米。
质量：地球质量的 0.0123。
与地球平均距离：384400 千米。
平均轨道速度：3679 千米 / 小时。
轨道周期：27.3 地球日。
月球周期：29.5 地球日。
表面重力加速度：地球表面重力加速度的 1/6。

我们一直以来的伴侣

从远古时候起，作为我们天空中一道熟悉的景象，月球贯穿着人类的历史。

月球是我们海洋潮汐力的来源，是影响奇妙的生物钟周期的原因，是人类迄今为止唯一踏足的地球之外的另一个世界，它看起来似乎是一个熟悉而且看得见摸得着的地方。它的直径是地球直径的 1/4 大小，距离地球约 40 万千米，是金星到地球距离的 1/100。鉴于它的接近程度、亮度和巨大的表观尺寸，就很容易理解为什么几百年来月球一直让人类陶醉。

我们的月球是由什么组成的?

我们的自然卫星有一个小的主要是铁的核，一个独特的地幔，以及由斜长岩和玄武岩组成的不同厚度的地壳。

在广泛的街道照明出现之前，月球是夜间活动的主要光源。月相的绝对规模和规律周期，使得它成为我们祖先显而易见的计时工具，构成了早期历法的基础。

在望远镜发明之前，观测者注意到月球上有一种不变的黑斑图案，后来被称作月海或者"海洋"，因为它们被认为是大量的水。

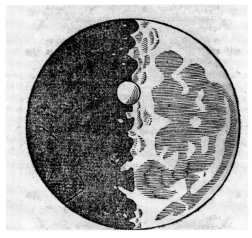

▲ 这是 1609 年伽利略通过他的望远镜所描绘的月球草图中的一幅，这些草图挑战了当时人们关于月球是什么样的普遍看法。

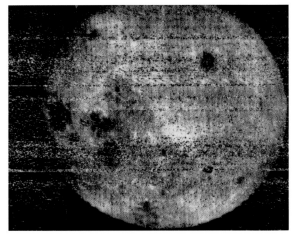

▲ 1959 年，从月球 3 号探测器上我们第一次看到月球背面，揭示了令人惊奇的月海缺失现象。

直到中世纪，月球仍被认为是一个光滑的球体，整齐地插入亚里士多德的"完美天堂"中。直到 1609 年，伽利略将望远镜对准月球，这种看法才被摒弃。

伽利略不是第一个通过望远镜观测月球的人，这一荣誉属于英国人托马斯·哈利奥特，他的草图早于伽利略几个月，但伽利略是第一个发表观测草图的人。在他的《星际使者》著作中，伽利略揭示了一个充满陨石坑和山脉的世界。他看到了晨昏圈，即分开昼夜的界线，经常是锯齿状的，并正确地推断了这种不规则必然是地形特征投射的阴影造成的。

敏锐的目视能够区分大约十几个月球地形。而一个典型的双筒望远镜，如果足够稳定，将会使你看到的月球是一个伤痕累累、没有空气的世界，并且极有可能比伽利略在 17 世纪看到的更清晰。即使是通过最小的现代设备的观测视野你也能发现无数的撞击坑，它们常常被很长的喷射物所环绕，旁边是凝固的熔岩、高耸的山峰、古怪的裂缝和悬崖——这是一个值得被探索的全新世界。

锁定在地球上

你不需要一台望远镜就能够发现，每晚我们都能看到相同的月球特征在回望着我们。这是因为月亮与地球同步旋转，也就是意味着月球绕它的自转轴旋转一周的时间与它环绕我们的行星公转一周所需的时间是同样的 27.3 天（恒星月）。

这不是巧合。地球施加在月球上的引力引起了月球自身的隆起，类似于地球上海洋的潮汐。这些隆起打乱了月球引力的平衡，使之自转减慢直到与公转周期相同。尽管圆圆的月球出现在天空中，但它远不是球形的，它更接近柠檬的形状。

这种"潮汐锁定"的后果是，在人类历史的绝大部分时间里，月球都有一个绝对的秘密：没有人知道月球背面是什么。这个秘密直到 1959 年才被揭晓，当时苏联的月球 3 号探测器成为迄今为止第一个传回月球那不可见一面图像的探测器。

1959 年 10 月 26 日，在令人难忘的电视节目插叙中，帕特里克·摩尔宣布苏联任务成功，揭示了第一张在空中拍摄的月球背面的模糊照片。按照今天的标准，月球 3 号探测器拍摄的图像是粗糙的，但它仍揭示了暗面在很多方面与亮面有着惊人的不同。

月球朝向地球的半球面的 35% 被月海岩浆覆盖，而背面则很少有这种熔融物质，月海仅占 1%。据科学家认为，这是因为月球背面地壳较厚，其厚度可能是朝向地球一面的 2 倍，原因可能是由于一颗伴星撞击后而缓慢增加的。而南极 – 艾特肯盆地的发现支持了这一理论，盆地位于月球背面，形成于 39 亿年前，宽 2400 千米，深约 13 千米。

南极 – 艾特肯盆地

▲ 我们现在所知的月球背面，由于潮汐锁定永远背向我们。

月球特征的主要分类

峡谷

共有 14 个公认的月球峡谷，最长的大约 600 千米，其中大多数由它们附近的环形山命名。其中最著名的一个是 180 千米长的阿尔卑斯月谷，它跨越了北部的阿尔卑斯山脉，并且几乎连接了雨海和冷海。

月海

这些巨大的凝固岩浆形成的黑暗平原以他们黑暗的外观和在月球背面缺失而著称。最显著的一个是裸眼可见的 560 千米宽的危海。

环形山

无处不在的月球特征，它们大小不一，从微小坑洞到直径达 350 千米的蔓延洼地——任何较大的环形山都是一个盆地。它们中有些是通过火山活动形成的，但大多数是远古撞击的结果，如第谷环形山。

盆地

盆地是月球上最古老、最大的环形山，直径均超过 350 千米。所有的月海都在其中形成。目前最大的纪录是月球背面的南极-艾特肯盆地，直径约 2400 千米；月球正面最大的是雨盆地，它延伸穿过月球表面 1160 千米。

山脉

月球上的山峰有两种命名方式："Montes" 为山脉，"Mons" 为孤峰和山丘。18 个被命名的月球山脉中最为壮观的是蜿蜒 600 千米的亚平宁山脉，它形成了雨盆地的东南边缘。

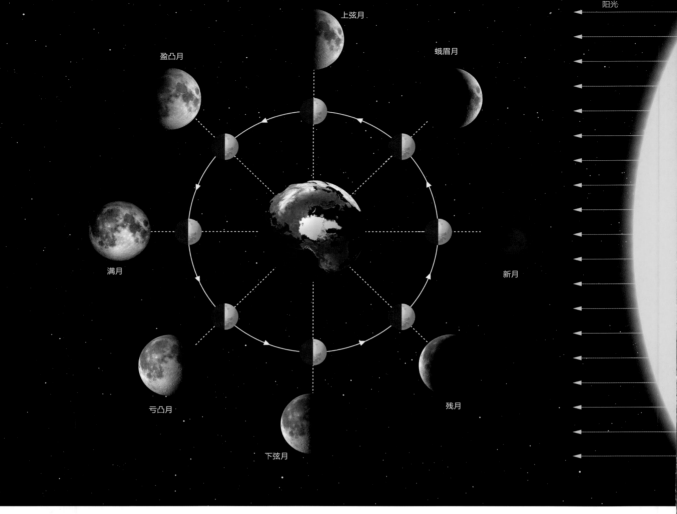

上弦月

蛾眉月

盈凸月

新月

满月

残月

亏凸月

下弦月

阳光

▲ 产生月相周期是月球运行在轨道上，与地球和太阳的相对位置关系的结果。

太阳总是照耀着

同样明显的是，月球朝向地球的半球在一个月内亮度一直在变化——顺带说一句，我们从"月球"得到了"月"这个词。虽然太阳总是能照亮整个月球的一半，但我们能看到的月球光亮面的面积取决于它在绕地轨道上的位置，从而产生我们看到的月相。

想象你正在从上面看地球、月亮和太阳。当三者对齐月亮在中间时，月亮的光亮面背离地球，产生了新月。从新的月相慢慢出现在傍晚的天空中，新月一天天变得更厚，术语"盈"用来表示这种增厚阶段。新月后大约一周，蛾眉月主导着月球最终以明亮的半圆形式出现在天空。

这有些让人迷惑不解地被称为"上弦月"，指的是月球在它29.5天的月相周期上的位置，而不是指从地球上有利位置所看到的月球光亮面的比例。在上弦月之后的鼓起阶段被称为盈凸月。月球光亮面的增加大约持续到新月两周后，成为明亮的满月，此时月球和太阳位于它绕地轨道的两侧。当我们的星球、我们的卫星和我们的恒星相互对准时，也就是新月和满月的这两点，被称为"朔望"。

满月之后相位反转，月球的光亮部分开始缩小。经过亏凸月之后，月球运行到它轨道的3/4的位置，出现了下弦月月相。月亮再次呈现出半圆形状，尽管这是上弦月时被照亮的另一半。此后，大约经过一个星期的时间，月亮才能够从出现在清晨的残月再次变为新月。月球需要29.5天才能完成月相周期或者阴历月，这比它完成绕地公转周期稍长。这被称为朔望月。

椭圆轨道和月食

月球的椭圆轨道与地球轨道夹角平均为5度。这意味着在大多数满月情况下，它在太空中地球阴影的上方或者下方通过。但是当满月进入地球阴影时，我们就会看到一个不同的现象：月食。

因为太阳比地球大得多，它将我们星球的阴影分为两个部分：最黑暗的部分，称为本影；以及一个亮一些的外环，称为半影。月食的强度取决于月球通过地球阴影的多少，以及它穿过阴影的哪一部分。

在整个月食中，整个月亮穿过半影进入本影，逐渐变暗直至被完全遮盖，这被称为全食。全食时，没有阳光直接照射到月球，但有部分通过地球大气折射而照射到月球上。当我们的大气过滤掉蓝光后，月球会呈现非常奇怪的橙褐色。

当月球进入月食变暗淡时，天空也会变暗。你可能并没有意识到满月有多么灿烂。它以蓝雾点亮了它周围的天空，只有明亮的恒星可见。在月全食期间，较暗的月球意味着暗弱的恒星能够出现，我们最终会看到闪烁的恒星包围着深红色月球的怪异景象。

还有两种其他类型的月食：月偏食，只有一部分月球穿过地球黑暗的本影；半影月食，月球的一部分穿过较亮的外环阴影。月偏食可能会非常明显，而半影月食常常只会导致月球轻微变暗。

大神话
月球的暗面

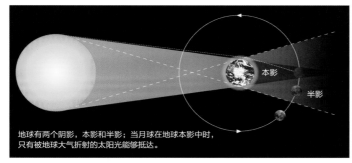

"月球的暗面"在天文中，它经常被用来（不正确地）代指月球的背面。这个短语有些用词不当，因为月球的背面同样具有明暗周期，与我们所看到的朝向地球的半球一样。从技术上讲，在满月的瞬间，月球背面是"黑暗的一面"。月球表面上一直沉浸在阴影中的地方仅有北极和南极的几个深环形山。

月球的北极是永久被遮蔽的环形山的家园，其中的一些含有冰。

当同样的事情发生在新月时，情况会恰恰相反，我们可能会看到日偏食或日全食。惊人的巧合是，现在月球的尺寸是太阳的 1/400，但太阳到地球的距离是月球到地球的距离的 400倍，这就意味着它们在天空中看起来大小相同。在日全食期间，月球覆盖太阳圆面的事实，使得我们能够瞥见我们恒星幽灵般的外层大气——日冕。

本影

半影

地球有两个阴影，本影和半影；当月球在地球本影中时，只有被地球大气折射的太阳光能够抵达。

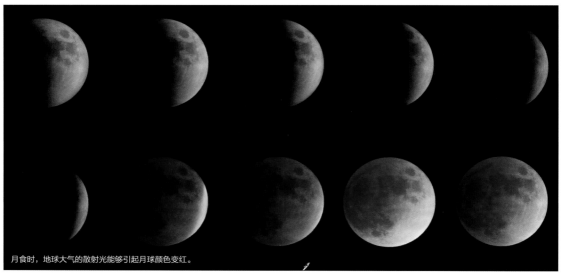

月食时，地球大气的散射光能够引起月球颜色变红。

▲ 日全食能够发生仅仅是因为一个惊人的宇宙巧合。

变化的关系

地球上的生命很大程度上要归功于我们这个岩石同伴，如果没有它，我们行星的自转轴会在 0 度和 85 度之间大幅度倾斜，尽管这仅会在 100 万年的时期内，使我们的半球在混沌的冰河时代和灼热的地狱之间游走，但对不断演化的生命而言，这将是一个死刑。

我们和月球的关系在变得越来越遥远。当它刚刚诞生的时候，月亮距离我们的行星仅有 22500 千米。现在，它距离我们远了差不多 10 倍，而且还在以每年 3.8 厘米的速度远去——与指甲的生长速度相同。这带来的结果就是，地球的自转速度在变慢，我们的一天在变长。

最终，当一天的长度和现在一个月的长度相同时，月亮将不再穿过我们的天空，也将不再会有新月和满月，我们仅仅只能在地球一侧的夜空中看到一个小的、静止的圆盘，就像我们在冥王星－卡戎系统中看到的情形一样。当这一切发生时，人类将有望在遥远行星的其他卫星上向外观测。

月球来自哪里？

现在大多数的科学家认为，月球是在大约 45 亿年前形成的，当时一个火星大小的物体（后来命名为忒伊亚）与早期的地球相撞，撞击将碎片散落到地球轨道上，它们在合适的距离上聚集起来形成了月球这个独立的物体。而任何靠近地球的物质都会被地球的引力拉回来。

这一理论诞生于阿波罗任务带回的月球采样的化学分析，结果表明它和地球的构成具有明显的相似性。但是有一个问题：这些成分看起来太相似了，如果发生过这种碰撞，月球应该会带有更多的忒伊亚的物质，因此应该与地球有更大的不同。

阿波罗样本是从一个非常小的区域获取的——这能解释这种相似之处吗？这似乎不能，因为我们还有其他的月球物质。俄罗斯的月球探测计划带回了 0.33 千克月球样本，我们也有一些月球陨石，而所有这些材料的分析带来了一个相似的问题，它与地球的构成太相似了。

那么，我们是否该告别碰撞理论呢？日前该理论仍然有很多的支持者，而最能证实该理论的论据将是从已知但更加多样的地点获得更多的月球样本。

太阳系的卫星们

我们的天然卫星与我们
近邻的其他卫星对比。

 地球

 火星

月球
3475 千米

卫星太小而无法在此比例尺上显示

火卫一（福波斯）
22.2 千米

火卫二（戴莫斯）
12.6 千米

 木星

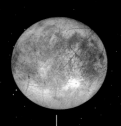   

木卫二（欧罗巴），
3100 千米

木卫一（艾奥）
3636 千米

木卫四（卡斯托）
4821 千米

木卫三（盖尼米得）
5268 千米

 土星

土卫九
（菲比）
220 千米

土卫七
（亥伯龙）
226 千米

土卫一
（麦蒙斯）
396 千米

土卫二
（恩克拉多斯）
504 千米

土卫三
（特提斯）
1060 千米

土卫四
（狄俄涅）
1123 千米

土卫八
（伊阿佩托斯）
1469 千米

土卫五
（瑞亚）
1528 千米

土卫六
（泰坦）
5152 千米

 天王星

天卫五
（米兰达）
470 千米

天卫一
（阿里尔）
1158 千米

天卫二
（昂不雷尔）
1170 千米

天卫四
（奥伯朗）
1523 千米

天卫三
（泰坦尼亚）
1578 千米

海王星

海卫二
（涅瑞伊得斯）
340 千米

海卫一
（特顿）
2700 千米

丈量月球的大小

透过镜头我们的邻居看起来很大，但是在超过 **38** 万千米的距离之外，你很难了解它突出的特征真正有多大——除非你用其他地区对比它们。

文：皮特·劳伦斯

月球对比英国

月球的直径是 3475 千米，大约是地球的 1/4。英格兰的兰兹角与苏格兰的约翰－奥格罗茨的直线距离是 960 千米，大约为月球直径的 1/4。从地球上看，月球的角直径在 33.6 角分和 29.4 角分之间变化，平均值为 31.1 角分。为了简单起见，月球的角直径通常被描述为 0.5 度。

哥白尼环形山对比英格兰中部地区

哥白尼环形山是雨盆地南部的一个火山口，其90千米直径内包含了一座高达1200米的中央山峰，是夏德伦敦桥的4倍高。如果哥白尼环形山是以伯明翰为中心的话，那么它的边缘几乎可以远至莱斯特，而它最长的喷射线将直抵奥克尼。

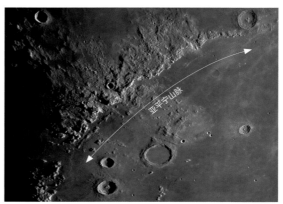

（月球的）亚平宁山脉对比（地球的）阿尔卑斯山脉

月球亚平宁山脉定义了雨海的边界，全长600千米，拥有几座高达5千米以上的高峰。地球上的阿尔卑斯山脉全长960千米，是月球亚平宁山脉的1.5倍，最高峰勃朗峰高达4.8千米。形成雨盆地的撞击造成了物质被推向旁边，从而形成了亚平宁山脉。

第谷环形山对比夏德伦敦桥

南部射线状的第谷环形山拥有与众不同的边缘，它跨越86千米，类似于伦敦市中心到牛津的距离。直径60千米的M25公路（伦敦的城郊环形公路）正好与第谷环形山的底部大小相匹配。环形山拥有一个2000米高的中央高峰，大约是310米高的夏德伦敦桥的6.5倍，这个中央高峰很容易被一台小型望远镜看到。

第谷环形山中心峰

夏德伦敦桥

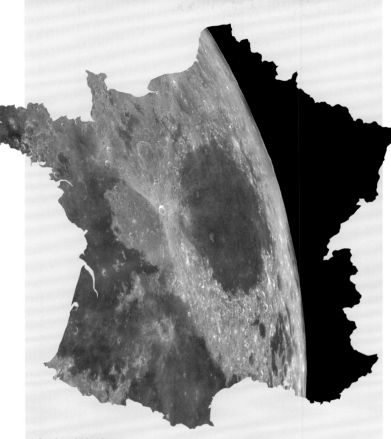

▲ 泰晤士河，从达特福德隧道到泰晤士河的金斯敦。

哈德利月谷对比泰晤士河

    哈德利月谷是一道月球表面的裂缝，是由一个古老的、被掩埋的熔岩河顶部崩塌形成的。它的主体长80千米，最大宽度2000米，深370米，至少需要一台203.2毫米（8英寸）的望远镜才能看到。相比之下，英国泰晤士河总长346千米，掠过议会大厦处宽252米，在河口处，它的深度最深处为20米。

危海对比法国

    危海靠近月球的东北边缘，拥有黑暗的、椭圆形的特征。它的450千米×560千米大的底部是39亿年前被一个25千米宽的物体撞击的结果。整个爱尔兰都可以放进危海底部，而危海本身又可以放入法国境内。

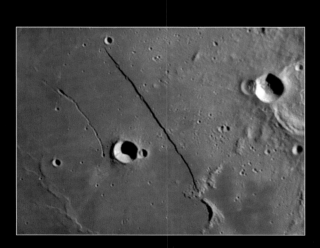

直壁，300米

大本钟，96米

直壁对比大本钟

    直壁是一条110千米长的线性断层，在上弦月的一天，它的影子会给人一种陡峭悬崖的错觉，而它300米的高度差其实是一个平缓的7度斜坡。该断层的高度大约是大本钟的3倍。

月球上的山脉

月球上并不缺少壮观山峰

月球上有许多壮观的山脉。当被撞击加热的物质流回火山口中心，通过上升和冷却形成山脉时，大型撞击坑会形成中心高峰。月海来源于较大的撞击，它导致了物质在边缘被压缩形成了巨大的山脉。由于撞击盆地充满了熔岩，有时整个山脉都会被吞没，留下几座孤峰。以下是一些可与地球上的最高峰——珠穆朗玛峰比肩的堆叠物。

惠更斯峰，5.4千米高
惠更斯峰位于亚平宁山脉的南部，它的最高点上升到 5.4 千米高，南北跨越 50 千米。

哈德利峰，4.8 千米高
哈德利峰坐落于亚平宁山脉北部，就在哈德利月谷的东北方向，4.8 千米的高度是该区域的最高峰，它俯瞰着阿波罗 15 号的登陆点。

珠穆朗玛峰，约 8.8 千米高

皮通峰，2.25 千米高
皮通峰是雨盆地的另一座孤峰，位于卡西尼环形山以西大约 130 千米处，它高出环形山底部 2.25 千米，在上弦月时很容易被看到。

皮科峰，2.4 千米高
皮科峰是雨盆地的一座孤峰。位于柏拉图环形山以南 180 千米处，高出环形山底部 2.4 千米，在上弦月时会投影出令人印象深刻的尖峰阴影。

海平面　0 千米

变化的环形山和移动的月海

月球坑洼不平的表面讲述了它与流星和火山熔岩的许多次相遇。

从观测的角度来讲，月球一直是我的主要兴趣点，自从1929年我用望远镜第一次看到它以来便一直如此。我自己的观测记录可以追溯到1931年，那时我刚年满8岁。那时我们对月球的了解相对较少，并且面临着各种问题，有些现在已经解决，而有些仍在探索。我想，回顾其中的一些可能会很有趣。

首先，月球表面变化的问题。被怀疑变化的环形山主要有两个：林奈环形山和梅西耶环形山。第一张真正的月球图是由两个德国人——威廉姆·比尔和约翰·马德勒于1836年在位于柏林附近比尔的天文台使用95.25毫米（3.75英寸）的折射望远镜所观测描绘的。尽管望远镜很小，但是他们描绘的月球图非常精确，而且他们还描述了月球的表面，但很不幸这些描述从未从德语翻译过来。在主要的月海之一——澄海上，他们绘制了一个小的，但是深而明显的环形山，并用瑞典科学家卡尔·林奈的名字将其命名为林奈。20多年后，时任雅典天文台台长的德国人朱利叶斯·施密特宣布该环形山消失了，取而代之的是一个小小的白色斑点。全世界所有的望远镜都指向了月球，施密特是对的——那里没有比尔和马德勒所描绘的环形山。英国天文学家领袖约翰·赫歇尔爵士相信是由于月震造成原有的环形山环壁坍塌导致环形山消失。争论持续了数年，但最终人们从太空拍摄到了林奈环形山，并且证明了它是一个完全正常的撞击坑。

◀ 有时候林奈环形山似乎完全消失了。其实它始终可以从太空中看到，就像放大图中月球轨道探测器拍摄到的一样，但是从地球上观测（左图），它看起来像一个白色的斑点。

光线的变化提供了答案。我曾做过数百次的观测，有时候林奈环形山确实看起来像一个的纯粹斑点。但实际上它并没有真正的变化，其实，马德勒自己在 1868 年观测到了这种形态，并且说它看起来与他记忆中 19 世纪 30 年代的样子一样。

变化的景色

梅西耶环形山是丰富海的一个小环形山。与之相邻的是另一个小环形山，梅西耶 A，从它们中延伸出一条奇怪的双射线，被称为"彗星"。比尔和马德勒说这两个环形山完全一样，但事实上梅西耶 A 更大，轮廓也更不规则。据称这里也改变了，但与林奈环形山一样，不同的光线条件也能够给出答案。有时候两者看起来很像，使用望远镜跟踪这对儿环形山并观测一整个月相周期，你就会明白我的意思。

月球曾被认为拥有大气——虽然比我们稀薄很多，但仍然可见，并且可能会有月球流星。1952 年，我记得与国际著名流星专家阿玛尼天文台的恩斯特·厄皮克讨论过这种可能性。在他看来，月球有流星是"非常有可能的"，并且应该是缓慢移动，流星拖尾长达 130千米。可以使用一台 304.8 毫米（12 英寸）的望远镜，每 8 小时观测一次，平均记录到一颗月球流星是可能的。随后美国的观测者报告了许多类似的情况，并且在 1941 年，月球和行星观测协会的哈斯计算了他所记录物体的可能直径，它有 180 米长，因此不得不归类为陨石而不是彗星碎片。

我们现在知道月球大气是可以完全忽略的，并且流星现象根本就不会发生。那么美国的观测者们看到了什么？更重要的是，由于无大气层已被证实，月球流星的报道也已经停止。

看不见但并非未知

关于月球背面也一直存在争议，我们永远无法从地球上看到它，因为它永远背向我们。它会和我们已知的这面有非常大的区别吗？19 世纪，丹麦天文学家皮特·汉森认为月球密度不规则，所有的空气和水都被吸引到背面，甚至可

▲ 即使诺贝尔奖得主也可能犯错：哈罗德·尤里相信月海曾经充满了水。

能有生命存在。到目前，我们拥有了整个月球的详细地图，月球背面和我们熟悉的这一面一样贫瘠和坑坑洼洼，尽管它们有细微的不同。朝向我们的近端一面缺少大的、浅的、被称为变余结构的地形，而月球背面缺少主要的月海——除了东海，其一小部分延伸到月球正面的天平动区域。

关于月球的环形山起源也有无尽的争论。它们是火山——事实上，是火山口？或者是由于陨石的碰撞？我本来认为是火山，但是由于相反的证据多如牛毛，因此我不得不承认自己错了。所有的大环形山均起源于撞击。但月海是熔岩铺就的，表明月球曾经非常活跃。我记得 1965 年与哈罗德·尤里的一次对话，当时我们正在注视着一个月海，他一直认为月海曾经充满了水，即使诺贝尔奖得主也会犯错。

许多奥秘已经揭开，但其余很多仍然存在，对于我而言，月球仍是世界上最迷人的东西之一。

月球观测基础

使用我们的初学者观测指南来探索月球表面的月海和环形山。

月球是开始你的观测经历的一个理想对象，因为它又大又明亮，而且拥有惊人的细节。但令大多数新手观测者都惊讶的是它所拥有的变化。尽管任何时候月球朝向地球的都是同一个半球，但你还是能够逐夜看到月球上的变化。

如果你认为满月是观测我们亲密伙伴的最佳时机的话，你可以被原谅，其实并非如此。虽然满月是观测诸如第谷等雄伟的环形山周围长而明亮的喷射物的最佳时间，但是在月球天空中太阳位置很高，这意味着没有阴影，会导致月球呈现出模糊暗淡的景象。

一般来说，观测月球给定特征的最佳时间是其位于晨昏圈，即月球白天和黑夜分界线附近时。这是太阳升起或者降落的区域，那里的环形山边缘和山峰脱颖而出，在月球表面投掷出墨黑色的阴影，夸大了它们的存在。远离晨昏圈的环形山几乎看不到任何阴影，也很难辨认出它们。在月相周期的第零天（新月），整个黑暗的月球半球指向地球，在接下来的15天，晨昏圈从东至西逐渐穿过月球表面，直到满月时整个月面完全被照亮。然后顺序倒置，被遮挡的黑暗半球每天西移，直至在黎明前的微光中渐渐变小的月牙消失。

当位于晨昏圈上时，诸如环形山、月谷、山脉等月球特征看起来非常壮观。

月球的诸多伪装

即使使用裸眼，我们的卫星也是一个令人陶醉的物体。

地球反照

月球不仅仅会被太阳照亮。当它在傍晚或晨曦时刻处于细长的新月阶段时，有时可能会看到由于地球上云和海洋反射的太阳光使得月球的黑暗部分微微发光，这种效应被称为地球反照。事实上，相对于月球在满月时照亮我们的光，我们的地球反射给了月球更多的光。

月晕

通常在寒冷的满月或接近满月的夜晚，你会发现上层大气中的冰晶折射月光形成的暗弱光环。因为冰晶通常都是六角形的，所以这个环总是相同的大小；它的角直径是22度，有时还能观测到直径为44度的第二个环。

红月亮

有两个原因会导致月亮呈现红润的色彩。第一个原因是，如果位于低空，它反射的光线会穿过更厚的地球大气，蓝紫光更容易被散射，因此我们看到了一个更红的月亮。而另一个原因是在月食期间，更长波长的阳光被地球大气折射到了正在发生月食而被遮挡的月球上。

超级月亮

超级月亮是满月恰逢月球位于绕地公转轨道的近地点，使得月面看起来大了14%。这个词源于占星术，但是通过正确的天文学术语"近地点－朔望月"，你就能明白它是如何发生的。新月时，月球位于公转轨道的近地点也会发生超级月亮，但是你无法看到。

25

▲ 尽管月球在27.3天的时间内完成了绕地公转，但由于我们地球的绕日公转，月球完成一个月相周期需要29.5天。

在边缘处凝视

月球轨道的性质为月球观测者带来了一个有益的影响，即我们称之为天平动的摆动和旋转运动。月球的轨道是椭圆形的，因此它与地球的距离不会保持不变。最近处它会稍微加速，当距离越远时，速度越慢。这个小小的变化足以引起月球绕它的轴来回摆动，这给我们一些偶然的机会看到它东西边缘附近更多东西。

它的轨道面也是微微倾斜的，这使得它有时会出现在地球轨道平面之上，有时又出现在下方。这让我们有机会能够随着时间观测到月球的顶部和底部。综合起来，这种天平动使得我们能够看到月球总体的59%，揭示了通常隐藏在视野之外的一些特征——其中一些我们稍后会介绍。

使用肉眼我们能够非常容易地看到月相进展，例如地闪之类的全盘效应和主要的月海。双筒望远镜增加了你所看到的细节：你现在能够发现单个的环形山和大山脉，以及黑暗的月海，尤其是它们接近晨昏圈时。你能够分辨出的最小环形山取决于你所使用的双筒望远镜，但是一个 7×50 的双筒望远镜应该非常容易地揭

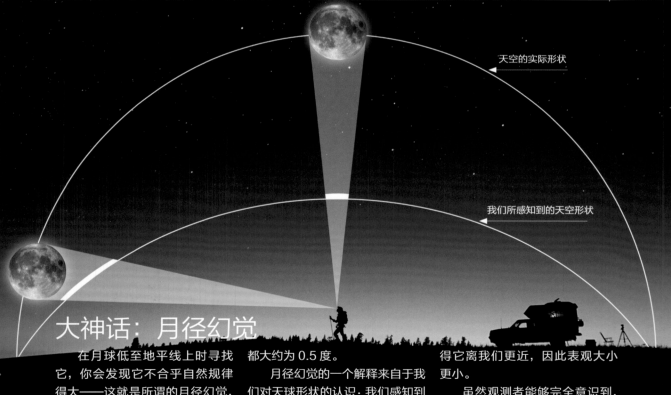

天空的实际形状

我们所感知到的天空形状

大神话：月径幻觉

在月球低至地平线上时寻找它，你会发现它不合乎自然规律得大——这就是所谓的月径幻觉，而且在满月附近它盘面最大限度被照亮时会更加明显。事实上，无论月球是在地平线上若隐若现还是在高空中照耀，它的角直径

都大约为 0.5 度。

月径幻觉的一个解释来自于我们对天球形状的认识：我们感知到的天空是一个扁平的圆顶，而不是一个半球。因此，月球在天空中越低，它就会被认为越远越大。当月球在高空时，我们反而会觉

得它离我们更近，因此表观大小更小。

虽然观测者能够完全意识到，在任何特定的夜晚，无论月球的高度如何，月球的角直径事实上没有明显的差异，但几乎没有人能够对月径幻觉免疫。

最罕见的月亮

毫无疑问，你应该听说过"曾经的蓝月亮"这个说法——意思是非常罕见的东西。但是，蓝月亮是何物，我们的邻居曾经有过天蓝色的外观？

当天文学家使用这个术语时，他们很有可能是指两个月球事件中的某一个——但两个事件都不会导致月球变蓝。

传统上，蓝月亮是指拥有 4 个满月的某个季节中的第三个满月，通常一个季节只有 3 个满月。第二种更加现代的解释是，它是一个公历月中的第二个满月，这是可能发生的，因为月球月相周期仅需 29.5 天即可完成。

为什么在定义上有差异？这是 1946 年一本出版物的错误导致的结果，它混淆了传统的含义。

然而有一种情况可能会导致月亮呈现真正的蓝色，就像 1883 年卡拉卡托火山爆发后那样，这是非常罕见的。秘密在于大气中需要充满特定尺寸的尘埃颗粒（尺寸略小于红光的波长），并且仅此一个尺寸，这些颗粒散射了红光，使得月球呈现轻微的蔚蓝色。

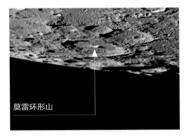

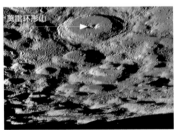

▲ 天平动能够将月球边缘上的特征更好地带入视野中，莫雷环形山呈现压扁和压缩（上图），但在合适的天平动下，它发生了变化（下图）。

示小至 50 千米大小的特征。

天文望远镜视野里的月球是非常令人着迷的，并且永远不会变老。在低放大倍数下，可见细节的数量令人叹为观止，特别是靠近晨昏圈处，那里的地势阴影很好地强调了细节。通过使用更短焦距的目镜增大放大倍数，你能更加靠近月球，并且有机会在月球景观附近"漫步"。

琐事和麻烦

通过天文望远镜观测到的月球与通过肉眼或双筒望远镜观测到的月球不同，这取决于它们的光学结构。通过折射或者折反的设备，月球会出现东西翻转，而通过反射设备，图像将被倒置。

通过天文望远镜观测月球，你可能会注意到月球表面会出现轻微的抖动，有时甚至是闪烁。这是由于我们行星大气中的空气流动，扰动越大，观测效果越差。

每晚每分钟的视宁度都会有所不同。视宁度稳定时，观测效果最好，并且波动缓和；而另一方面，差的视宁度会导致细节丢失和月球特征模糊。

数个世纪以来，天文望远镜观测者也报道了月球表面亮度的短暂变化，这些变化统称为月球瞬变现象（TLP），它们被描述为突然出现或湮灭的亮点，局部的色块和暂时的模糊，或者是丢失的月球表面精细细节。然而，尽管有几个备受瞩目的报道——包括 1787 年威廉·赫歇尔爵士和 1992 年法国天文学家奥多恩·多尔夫斯的报道，但它们至今仍然存在争议。

问题在于，月球瞬变现象本质上是短暂的，很难独立验证，并且无法重现。它们中的大多数都是由独立的观测者发现的，或者仅在地球上单一地点被目睹的，因而人们怀疑它们是否真实地发生过。有人认为，月球瞬变现象仅仅是不良的观测条件或观测设备引起的。假设它们真实地发生过，解释它们的最普遍理论是月壳下残余气体的释放。

无论是真实的还是想象的，我们关于月球瞬变现象清楚的是，它在月球表面的一些地区比其他地区更容易出现，超过 1/3 的官方报道来自艾里斯塔克斯台地（位于风暴洋）附近区域。

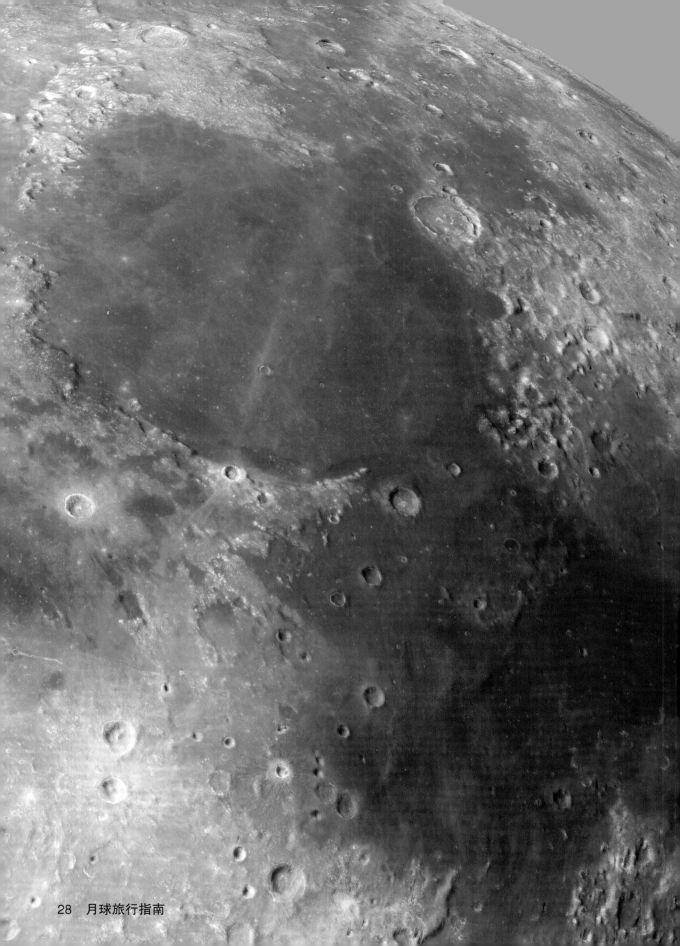

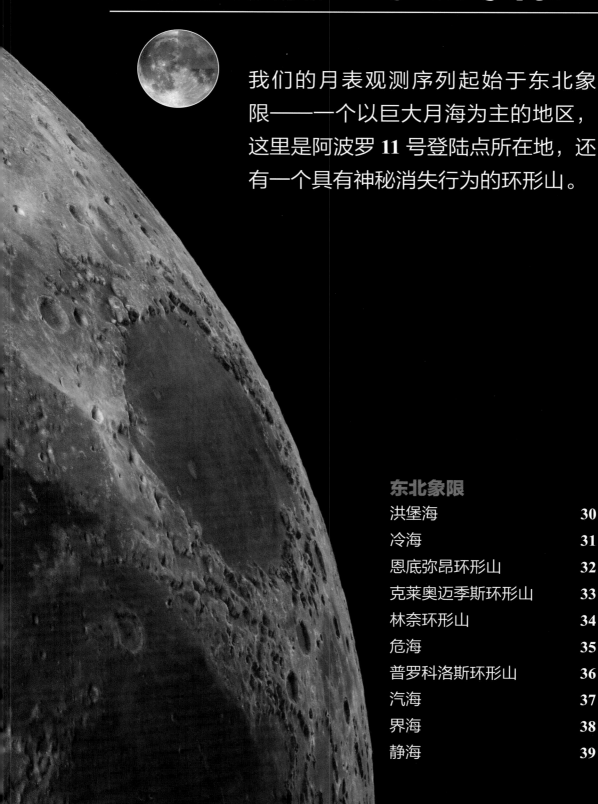

月表观测：东北象限

我们的月表观测序列起始于东北象限——一个以巨大月海为主的地区，这里是阿波罗 11 号登陆点所在地，还有一个具有神秘消失行为的环形山。

东北象限

洪堡海	**30**
冷海	**31**
恩底弥昂环形山	**32**
克莱奥迈季斯环形山	**33**
林奈环形山	**34**
危海	**35**
普罗科洛斯环形山	**36**
汽海	**37**
界海	**38**
静海	**39**

洪堡海

文：帕特里克·摩尔

洪堡海桥接着月球的正面和背面，在就东部月球边缘。

斯特拉博

洪堡海

恩底弥昂

类型：月海
大小：169 千米
年龄：38.5 亿~39.2 亿年
位置：北纬 56.8 度，东经 81.5 度
推荐工具：101.6 毫米（4 英寸）天文望远镜

洪堡海是危海的支海之一，在真正良好的观测条件下，你也只能看到其东部边缘。还有几个也是这样的情况，界海就是如此。

这个月海是以德国博物学家、探险家亚历山大·冯·洪堡的名字命名的，虽然实际上他不是一位天文学家，但他很好地描述了 1799 年的狮子座流星雨。它的东部边缘延伸到东经 90 度，因此受天平动的影响很大，在开始月球探测任务之前，我们对它一无所知。它似乎是一个较大盆地的黑暗中央部分，盆地峭壁直径大约 650 千米。这个盆地的峭壁起始于斯特拉博环形山，并继续向南绕过墨丘利 E 环形山，然后向东最终穿入月球背面。洪堡海的直径约为 169 千米，这意味着它占地面积超过 2.2 万平方千米。

找到洪堡海最好的方法是利用斯特拉博环形山。在月海外，东侧边缘是贝尔科维奇环形山，内有中央峰和两个火山口。在有利的条件下，沿着月球边缘往下观测，然后挑选出那些不太大的月海是一件有意思的事。虽然它们都比危海小得多，但它们表明，在最近的过去该地区并不活跃。因为所处位置并不好，洪堡海和其上方的支海底部细节很难观测。

洪堡海的郊外并没有什么真正有趣的地方，但是它和危海的边界与朝向地球的半球交界处有大量的细节。

整个区域最显著的环形山是恩底弥昂环形山，它的形状非常规整，在阳光下很容易找到。恩底弥昂环形山位于东经 56.5 度，北纬 53.6 度。它是一个非常紧凑并且醒目的特征，拥有大量的壁和底部细节，虽然并没有任何中央高峰的证据。可能是因为恩底弥昂环形山比它附近许多其他构造年轻一些，它的底部是浅黑色的，与洪堡海的颜色一样。

在哪里找到它

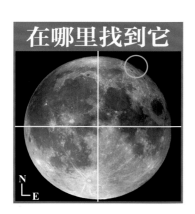

N
E

戈尔德施密特环形山

冷海

亚里士多德环形山

阿尔卑斯月谷

欧多克索斯环形山

柏拉图环形山

阿尔卑斯山脉

▲ 冷海对于月海来说是非同寻常的，它中部和东部长而细，南部紧邻阿尔卑斯山脉。

冷海

文：皮特·劳伦斯

　　无空气的月球容易被想象成为一个相当寒冷而荒凉的形象。的确，当月球表面被黑夜笼罩时会变得非常寒冷：那时，月表温度会下降到 –153 摄氏度。然而，白天月表温度会上升到 100 摄氏度，所以一个酷寒世界的形象可能是不恰当的。

　　尽管如此，冷海仍旧很好地保持了这个形象——这个名字的字面意思是"寒冷的海洋"。这个月海沿着月球北部从东到西延伸 1400 千米，与其 250 千米的平均宽度相比显得细而长；而大部分月海都呈现圆形或者椭圆形，这是一个明显的例外。其中部和西部看起来像是与雨海的同心圆曲线，而东部的部分看起来好像与澄海同心。凭借充分的想象力，冷海被想象为月亮人的眉毛。

　　与其他许多月海不同，此处基本没有月谷、断层和穹顶等特征。它的大部分特征都由撞击坑组成，它们与较大撞击形成的喷射物射线并存。特别值得注意的是，这些巨大的射线整个穿过位于更北位置的 124 千米宽的戈尔德施密特环形山。最大的"本地"环形山，亚里士多德环形山位于东冷海的南部，全长 90 千米。这是一个非常醒目的特征，在它的右侧有高的、阶梯形的峭壁和散布于冷海底部的喷射物。冷海从亚里士多德环形山之下朝向 70 千米宽的欧多克索斯环形山呈现弯曲状。

　　冷海向西是 41 千米宽的哈尔帕卢斯环形山，虽然它的大小不到亚里士多德环形山的一半，但它凭借着自己位于冷海向西一个黑暗区域的中心这一不争事实保持了自己的地位。在冷海底部的陨石坑数量有所不同，东部地区比中部有更多的陨石坑，这表明东部的月海地层年龄稍大。沿着月海边缘还有很多著名的特征，包括阿尔卑斯山脉，109 千米宽的柏拉图环形山和虹湾。向北有巨大的被称为赫歇尔的环壁平原值得一看。

在哪里找到它

N
E

类型：月海

大小：1400 千米 × 250 千米

年龄：39 亿~46 亿年

位置：北纬 56.0 度，东经 0.0 度

推荐工具：101.6 毫米（4 英寸）

天文望远镜

恩底弥昂环形山坐落于月球边缘附近，在神秘的洪堡海旁。

恩底弥昂环形山

恩底弥昂环形山

文：帕特里克·摩尔

类型：环形山	
大小：125 千米	
年龄：39.2 亿 ~45.5 亿年	
位置：北纬 53.6 度，东经 56.5 度	
推荐工具：101.6~152.4 毫米（4~6 英寸）天文望远镜	

恩底弥昂环形山以一位年轻的牧羊人命名。在希腊神话中，牧羊人沉睡着并吸引了月亮女神塞勒涅，她来到了地球，亲吻了恩底弥昂，他继续沉睡——永远沉睡。在接近月球边缘处，由于它的规模和黑暗的底部，恩底弥昂环形山很容易被找到。

虽然它的底部没有突出的特征，但它仍是一个相当复杂的环形山。它的峭壁是连续的，而且相当复杂；它底部明显被淹没过的事实表明了环形山的年龄；我曾经试图寻找一个中央峰，或者任何能够暗示中央峰存在的事实，但都没有成功。然而，它附近有各种各样的小结构，其中最

大的是恩底弥昂 J，虽然仍旧没有中央高峰，但它拥有低矮的峭壁和底部的一些特征。

洪堡海位于恩底弥昂环形山和月球边缘之间。月海的一部分位于朝向地球的月球半球，但是在最不利的天平动条件下，较远的一侧会运动到视野之外。洪堡海不是一个通常意义的月海：它实际上是一个直径超过 600 千米的月球盆地的中央黑暗区域。

洪堡海和恩底弥昂环形山之间有一些看起来很小的环形山：据说洪堡海的形成与那些我们已知的、在有利天平动之下进入视野的区域存在关联。沿着洪堡海边缘延伸的是贝尔科维奇环形

山，一个以俄罗斯天文学家名字命名的环形山，他极其重视月球研究。贝尔科维奇环形山也拥有一个黑暗的底部，但与恩底弥昂环形山不同，它拥有多个中央峰。

恩底弥昂环形山往往容易被观测者忽视，对照区分它黑暗的底部和其他黑暗地区是很有趣的，因为它似乎变化显著。然而，要判断它黑暗底部上是否有真实的变化并不容易，或者说，很难判断那些明显的变化是否全部来源于太阳在环形山上方照射角度的变化。因此，仔细研究整个区域是值得的。

虽然它们有很多共通之处，但你似乎并不会将洪堡海和恩底弥昂环形山混淆。但请注意，早期的月球图会将二者混淆！有一个问题是，很多个朔望月中整个区域不能被很好地观测，因此你在尝试区域描绘或者绘制地图时，使用你能获取的尽可能多的照片是很明智的做法。

在哪里找到它

N
E

克莱奥迈季斯环形山

文：帕特里克·摩尔

N
E

克莱奥迈季斯环形山一向很容易辨认：它位于危海北侧，这意味着它在新月之后很快就能进入视野中，并且在满月后不久仍旧可见。它以一位编著了重要的天体运行著作的希腊天文学家名字命名，克莱奥迈季斯的生卒年月不详，但由于没有提到托勒密，所以他可能生活在公元前一世纪左右。

月球上的这个区域有几个大的构造，其中，迄今为止最大的构造是危海。该区域也是特别有趣的，因为危海是唯一一个位于朝向地球的月球半球上，与主要的月海系统分离的构造，在这里或者是月球背面都没有类似的结构。

克莱奥迈季斯环形山拥有相当规则的峭壁，虽然在北面被几个小环形山打破，其中最大的是环形山 E（直径 21 千米），其外部壁垒被严重侵蚀和破坏，并且在西北被 43 千米大的特拉勒斯环形山打破。它拥有一个奇怪的不规则构型，并且比 2.7 千米深的克

类型：环形山
大小：126 千米
年龄：38.5 亿~39.2 亿年
位置：北纬 27.7 度，东经度 55.5 度
推荐工具：101.6 毫米（4 英寸）
天文望远镜

克莱奥迈季斯环形山坐落于危海北侧的崎岖地形间。

克莱奥迈季斯

德尔莫特

戴伯斯

E

特拉勒斯

J

B

危海

莱奥迈季斯环形山更深——深达 3.4 千米。在该地区，克莱奥迈季斯之外的区域都非常崎岖不平。

克莱奥迈季斯环形山的底部虽然有确切的细节——尤其是两个明显的环形山 B（直径 11 千米）和 J（10 千米宽），但总体是光滑的。其灰色的底部和危海非常相似，并且在同一时间给人一种被熔岩淹没的印象。在底部中央的北侧有一座小山，被许多官方部门标记为中央峰；但对此我从来没有下定决心，但总体来说，我倾向于认为它不适合"中央峰"的地位。

克莱奥迈季斯环形山内部最有趣的特征应该是北部狭长的月谷，从西北边缘向东南延伸。它因足够显著而拥有了一个名字，克莱奥迈季斯裂谷，并且一台小望远镜就足以观测到它。在其轨迹的中途，它分裂成一个叉形，有几条更加细小的月谷位于环形山底部的东南部，看看你能找到多少——不过你需要在良好的视宁度条件下，以及通过一个相当大的望远镜和高倍放大率进行寻找。

克莱奥迈季斯环形山和危海之间没有平坦的地面，甚至说在克莱奥迈季斯环形山附近都没有任何平滑的区域。尤其值得注意的是，其西部有 33 千米的德尔莫特环形山，以及特拉勒斯环形山旁的 31 千米的戴伯斯环形山。整个区域被明显的透视效应缩小，因为它距离月球边缘不远，但是克莱奥迈季斯环形山超出了天平动区域。下次你观测它的时候，可以试试你是否能够瞥见它底部东南侧的那些小月谷。

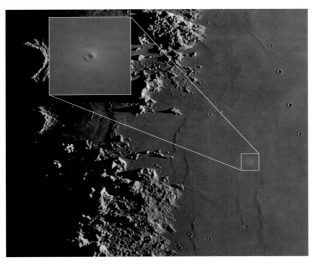

▲ 澄海中一个孤独的特征，林奈环形山在19世纪举世闻名。

林奈环形山

文：帕特里克·摩尔

| 类型：环形山 |
| 大小：2.4 千米 |
| 年龄：大约 2 千万年 |
| 位置：北纬 27.7 度，东经 11.8 度 |
| 推荐工具：152.4 毫米（6 英寸）天文望远镜 |

这个小型的环形山在过去受到了极大的关注。林奈环形山位于北纬 27.7 度，东经度 11.8 度。

林奈环形山直径 2.4 千米，深 600 米，但由于它被原始撞击的明亮喷射物所包围而且澄海中环形山相对较少，因而很容易被找到。澄海中最大的是贝塞尔环形山，它跨越 16 千米，它由北至南被一条明亮的射线穿过，并且给人以与第谷环形山相关联的印象。

毫无意外，林奈环形山出现在意大利天文学家乔瓦尼·里乔利在 1651 年的月球图上。绘制了第一幅良好月球图的德国观测者威廉姆·比尔和约翰·马德勒也描绘了它。他们在 1839 年出版的"月球图"，是一个细致、精确观测的杰作，即使在今天也仍旧惊人，尽管它是使用一台 95.25 毫米（3.75 英寸）的折射望远镜完成的。他们将该环形山描述为该地区格局良好而且最为显著的特征，而事实上，它似乎并没有什么特别的。"月球图"拥有一个意想不到的效果，人们普遍认为，比尔和马德勒的月球图非常好，以至于不必要对月球进行进一步的观测，并且几十年来对月球研究关注很少——除了一位叫朱利叶斯·施密特的雅典天文台台长。1866 年，他发表了林奈环形山消失的重要宣言，取而代之的是一块白色的斑块。这引起了人们的强烈兴趣，各地观测者的注意力又回到了月球。到底发生了什么？林奈环形山真的消失了吗？

各种各样的解释被提出，例如火山活动。林奈环形山比较年轻，因此当前火山活动的解释被认为是有很大可能的。约翰·赫歇尔爵士认为，"月震"导致了林奈环形山的壁垒坍塌，填满了火山口。据报道，由于夜间霜冻堆积，还有明亮的区域以及变化在其间。

在哪里找到它

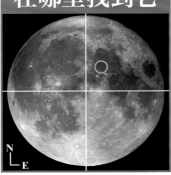

美国天文学家威廉·亨利·皮克林稍后提出，林奈环形山周围区域在一个月食期间明亮起来，当时一波寒潮席卷了月球表面。天文光谱学的伟大先驱，安吉洛·西奇，在梵蒂冈天文台使用望远镜观测，并且说："毫无疑问，这里发生了变化。"

即使到现在，争议仍在继续，但我认为最终的证据来自于马德勒本人。它说他在 1838 年和 1867 年曾两度观测了林奈环形山，并且绝对没有任何改变。光线角度的改变，即使在短时间内，也可以以许多不同的形式显示出例如林奈环形山上的小特征。

我是用自己的望远镜，以及亚利桑那州的罗威尔天文台和巴黎的莫东天文台的大型折射望远镜对林奈环形山进行了数百次的观测。一般来说，它看起来像一个带有很小中心点的白色斑块。如果你在它位于日界线附近观测它，并且使用一个高倍放大率的合适望远镜［我的 317.5 毫米（12.5 英寸）反射望远镜非常合适］，它的真实面目就很清晰了。

要记得，林奈环形山在月面学的发展历史上扮演了重要的角色，因为经过很长时间的停滞之后，它迫使观测者的注意力重新回到这颗被我们忽略的卫星上。

危海

文：帕特里克·摩尔

> 类型：月海
> 大小：450 千米 × 560 千米
> 年龄：38 亿 ~46 亿年
> 位置：北纬 17.0 度，东经 59 度
> 推荐工具：101.6 毫米（4 英寸）天文望远镜

危海或称危机之海，是较小的月海之一，它的总面积不超过英国面积。它与主要的月海系统是分离开的，即使肉眼也可见。在靠近月球可见盘面的东北部边缘，它在月球还是薄薄的新月时就能进入视野，在整个月相周期都非常醒目。它被清晰地显示在 1609 年的托马斯·哈利奥特月球图上（人们通常忘记哈利奥特是第一位通过望远镜观测月球的人，比伽利略略早几个月），并于 1651 年由乔瓦尼·里乔利命名。它属于前雨海纪，形成于 38 亿 ~46 亿年前。

危海似乎呈现出沿南北方向长的椭圆形，但这是由于透视效应造成的，它南北长 450 千米，东西长 560 千米。它虽然不像雨海一样拥有沿着边界的高山，但其轮廓清晰，盆地的底部相对平坦，并且比周围区域更暗。底部 3 个最大的环形山大小适中，分别为皮卡德（直径 33 千米）、皮尔斯（直径 18 千米）和斯威夫特（直径 10 千米）。在其底部还到处都能够看到已经被完全淹没的"幽灵"环形山的迹象，同时也有一些只跨越几千米大的环形山。

皮卡德是一个最大深度为 2.5 千米的正常撞击坑，它的峭壁是阶梯状的，底部中央有一个低矮的小山。皮尔斯是碗状的，拥有几个内部山丘，其北面是斯威夫特，它是圆形且非常明显。斯威夫特最初被命名为皮尔斯 B，然后是格雷厄姆，直到国际天文联合会给出其现名。

在危海的西部边缘，皮卡德环形山的西侧，有一些有趣的特征。横跨 36 千米的耶基斯是一个被熔岩淹没的环形山，其峭壁是不连续的，底部的颜色和反照率都与其附近表面相似。

危海穿过了明显的纹脊，其中几个纹脊已经被命名（例如西部的捷佳耶夫山脊和哈克山脊，他们都超过了 150 千米长），我发现几乎在所有的太阳照明条件下它们都是可见的。

从东部伸出危海的是阿格鲁姆海角（岬）。就西北方向而言，有一些小火山口由矮脊连接起来；它们似乎是在 1935 年左右由英国业余天文爱好者罗伯特·巴克第一次提及，并且它们中的 4 个构成了我称之为"巴克四角形"的图案。我发现它们在能见度方面表现出了令人费解的变化，并且虽然并没有可靠的证据，但在这里已经报道了好几起月球瞬变现象，或许这个区域值得我们去监测。

当你在观测危海时，可以在低矮纹脊的东边寻找孤立的环形山埃克特（北纬 17.3 度，东经 58.3 度）。艾克特环形山仅跨越 3 千米，可能难以捕捉，但是每每当我看到这个迷人的小海洋——我最喜欢的月球区域之一时，我通常会特别留意去搜寻它。

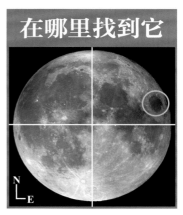

在哪里找到它

危海是最容易辨认的月海之一，它与主要的月海系统是分离开的。

斯威夫特
皮尔斯
皮卡德

普罗科洛斯环形山

文：帕特里克·摩尔

普罗科洛斯环形山直径 29 千米，但深度达 5.5 千米。无论何时在阳光下，它总是可识别的，部分原因是因为它的亮度，部分原因是因为它的位置。它以雅典哲学家和数学家普罗科洛斯·狄奥多库斯的名字命名。普罗科洛斯环形山位于睡沼，即睡眠沼泽的东端，它有非常锋利的边缘，外壁陡峭而绵延。其中有一座低矮的中央峰，我总是能够发现一个易于用小型天文望远镜观测的物体。

类型：环形山
大小：26.9 千米
年龄：小于 11 亿年
位置：北纬 16.1 度，东经 46.8 度
推荐工具：101.6~152.4 毫米（4~6 英寸）天文望远镜

普罗科洛斯环形山是明亮的射线系统的中心，但是与主要的射线系统不同，这一个是不对称的射线系统。东边坐落有一片高地，远处是著名的危海，射线穿过高地，延伸到危海，在高照度下，它们看起来非常突出。普罗科洛斯环形山以西的情况则完全不同，射线延伸一段距离但未进入睡沼，相反睡沼被一束射线从两边束缚着，并且朝向射线的较暗物质的颜色非常不同寻常。很明显，普罗科洛斯环形山射线的形成方式不同于诸如第谷环形山等主要系统。

危海朝向普罗科洛斯环形山的一侧有两个海岬——亚维尼和奥利威姆，它们被两个低矮的弯曲山脊分隔开，并且许多年前一些观测者声称看到一座"桥"，从一个海岬到另一个海岬。当然事实不是这样，这两个海岬一点也不特殊，通往危海和普罗科洛斯的地面更加明亮，并且非常粗糙，没有特别明显的构造。

这有一个环形山，弗雷德霍姆，其横跨 13 千米，并且形状相当规则。我曾在其中寻找一个中央山峰，但从未找到。普罗科洛斯环形山的位置意味着它会在新月后不久进入视野，并持续可见直到满月后它不再被阳光照射之前。这个区域在日出日落时分非常值得观测和拍摄。

月球的每一位观测者都能够识别出危海，在朝向地球的一侧，它是唯一与主体分离的特别的"海"，这使它脱颖而出。这个月海上没有很多主要的环形山，只有皮卡德和皮尔斯，以及斯威夫特（之前被称为皮尔斯B）。危海的各处边界都非常易于识别，它的颜色与外部区域明显不同。所有的月球图，甚至是早期的，关于它的描绘都无误。

弗雷德霍姆

斯威夫特

皮尔斯

危海

奥利威姆岬

普罗科洛斯

皮卡德

亚维尼岬

普罗科洛斯环形山小但是轮廓分明，它能够在危海边被找到。

在哪里找到它

N
E

汽海

文：皮特·劳伦斯

类型：月海
大小：330 千米 × 200 千米
年龄：39 亿~42 亿年
位置：北纬 13.2 度，东经 4.1 度
推荐工具：101.6 毫米（4 英寸）天文望远镜

在哪里找到它

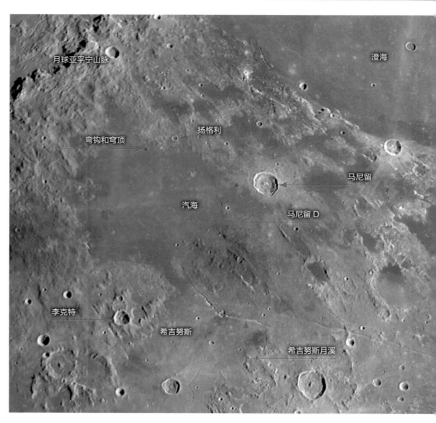

▲ 朝向地球的半球中心附近，汽海是非常容易被找到的；它最大的环形山靠近其东海岸，有 40 千米宽。

汽海是一个相对较小的椭圆形月海，从地球上看位于月面中心略北的位置，在雨海、澄海和静海之间的区域，这使得定位汽海相对容易。

从望远镜中看，覆盖汽海底部的褐色熔岩在西侧流入巨大的亚平宁山脉时显得相当平淡无奇。当太阳处于月球低空时，阴影会沿着汽海底部蔓延并出现许多纹脊，这在西部和南部更加明显。一小块隆起出现在月海的北部中央，并且此处聚集有各种各样的月球穹窿。

该地形群的东边是一个精巧的南北向山脊，从小环形山马尼留 D（直径 5 千米）的西侧经过。一个 7 千米 × 11 千米的月球熔岩穹窿位于马尼留 D 环形山的西北处，在斜向照明时最佳可见。

马尼留（直径 40 千米）环形山是一个位于汽海东海岸附近更大的环形山，它是一个拥有高达 2400 米锐利边缘的突出环形山，它同时还拥有一个中央山脉。

汽海南部边界的一个缺口会引导你看到神奇的希吉努斯月溪。它看起来是一条裂缝，当穿越 10 千米的希吉努斯环形山时它似乎改变了方向。这让人联想到了一只鸟在朝向你滑翔，环形山代表了鸟的身体，并且它张开了翅膀。环形山沿着月溪出现，表明火山作用可能参与了该地貌的形成。与希吉努斯环形山北部紧邻的区域比汽海其他地区崎岖得多。希吉努斯环形山西侧可见的最明显特征是略呈三角形的环形山李克特（直径 23 千米）。

如果你喜欢挑战，汽海北海岸有一些不同寻常的特征值得用高倍放大望远镜去观测。第一个位于小环形山扬格利（直径 9 千米）附近，一旦定位到环形山的南面，朝向汽海前行，在这里你会发现一片粗糙的地形。集中精力看看你能否辨认出扬格利月溪的奇特形式，这是一条 2 千米宽的平行线，看起来好像一条贯穿该区域的东西道路。

扬格利环形山以西大约 45 千米处是另一个奇特之处。这里是一个黑暗的火山穹顶，坐落在一个小的 5 千米的圆形环形山边缘的南侧，西部的部分边缘比东部更高更清晰，它们一起被称为"弯钩和穹顶"。

AI- 比鲁尼
伊本·尤努斯
界海
戈达德
阿尔哈增
汉森
危海

N
E

▲ 界海即边界之海，是一个恰好在月球边缘的微妙之地。

界海

文：帕特里克·摩尔

类型：	月海
大小：	420 千米
年龄：	未知
位置：	北纬 13 度，东经度 88 度
推荐工具：	101.6~152.4 毫米（4~6 英寸）天文望远镜

这个月海并不是非常著名，因为它并不是特别容易观测到。界海位于朝向地球的半球边缘，在危海的东侧，因此它被透视效应缩小了。我发现最好的向导是汉森环形山和阿尔哈增环形山，两者直径都在 40 千米左右，并且形状相当规则；界海位于两者的支脉之间（汉森环形山和界海之间有两个较小的有命名的环形山，即直径 10 千米的萨巴蒂尔环形山和直径 8 千米的泰勒环形山）。为了更好地观测该区域，你必须等到天平动的最佳条件，

界海距离边缘最大距离时。界海附近有几个不同寻常的特征，不是类似史密斯海这样的边缘海所共有的，它的轮廓明显不规则，并且与质量集中度无关。

它给人相当薄的感觉，所以标志着它有一个相对低洼的高地，这里只有月海熔岩能够到达表面。它底部有一些小特征，一些是圆形的，另一些是椭圆形的，这些特征被理解为埋在浅层熔岩里的撞击坑。底部还有一些奇特的"漩涡"，可能与风暴洋底部著名的雷纳伽马漩涡类型相同。

顺便说一句，值得注意的是界海与东方的冲击盆地是相对的，并且有人认为它们可能存在一些联系；当然，整个区域似乎都受到了产生了东方盆地的强大撞击的影响。人们普遍认为这是最后一个大撞击，所以按照月球标准来说，界海可能是非常年轻的——但也有人认为它可能是前酒海纪的。事实上，我们对它的年龄仍不确定。

该地区有一些较大的、被熔岩淹没的环形山，它们的底部位于周围高地的海拔之下——这是另一个表明熔岩侵蚀地表的迹象。更为突出的 AI- 比鲁尼环形山位于界海的北部，伴随着戈达德环形山位于西北侧，伊本·尤努斯环形山位于东南侧。底部黑暗的戈达德环形山直径 89 千米，与界海相邻，但是它被透视效应缩小得如此剧烈，以至于即使在理想的天平动条件下也很难被识别。

很显然，界海是在满月之后首批消失的地形之一，因此早期的月面学家错过了它并不让人感到奇怪。它甚至被比尔和范·马德勒所忽视，因此它的名字更加"现代"。一般来说，人们并不是非常关注它，但是煞费苦心找到这个奇怪的、具有挑战性的边缘月海还是非常值得的。

静海

文：帕特里克·摩尔

这个月海就是第一批抵达月球的人，阿波罗 11 号上的尼尔·阿姆斯特朗和巴兹·奥尔德林在 1969 年着陆的地方。有 3 句来自宇航员的话被人们永久铭记，其中两句来自于尼尔，一句来自于巴兹。第一句来自于尼尔："鹰已着陆。"第二句也是来自于他，当他走出航天器踏足月球表面时："这只是个人的一小步，但却是整个人类的一大步。"第三句是巴兹向外看到整个平原时的评论："壮丽的荒凉。"没有比这更恰当的了。

静海是主要的月海之一，肉眼观测即非常显著，它会在上弦月之前进入视野，直到满月之后仍有部分可见。它的面积与我们的黑海相当，并且界限分明，但是缺少与邻近澄海间规则的山区边界。两者之间，壮观陡峭的普林尼环形山像哨兵般蹦立。月海不规则的边界不仅与澄海相关联，还与酒海和丰富海相关联。东北方向，玄武岩从其中流向睡沼（睡眠沼泽），这不会出现错误，因为它有奇特的笔直边界以及不寻常的颜色；异常明亮的普罗科洛斯环形山位于它的远端。普罗科洛斯仅跨越 29 千米，但它如此的闪耀，以至于无论何时在阳光照耀下它都能够被识别。静海本身具有蓝色色调，这可能是由于其表面材料中金属含量相对较高造成的。

我们关于月球过去历史的知识可能至少是相对准确的。酒海纪从 39.2 亿年前持续到 38.5 亿年前，而后进入雨海纪，从 38.5 亿年前持续到 32 亿年前；静海所在的古老的静海盆地是前酒海纪的，但静海本身是雨海纪的。后期重轰炸期（译者注：又名月球灾难）时月球被空间碎片连续撞击，这个时期从 41 亿年前持续到 38 亿年前，所以静海或多或少逃过一劫。尽管有一些较小的撞击，但它的底部没有主要的撞击坑，值得注意的是直径 13 千米的柯西环形山就已经出人意料的显著了。这里还有许多山脊和低丘，以及两条长长的裂谷，其中一条在柯西环形山的两侧。

第一个在静海登陆月球的探测器是 1965 年的游骑兵 8 号。为第一次载人任务选择一个登陆地点需要极其谨慎——这个地点必须是雷达可及、没有大型环形山、并且尽可能平坦。静海似乎是极其合适的，而实际的着陆点在北纬 0.7 度和东经 23.5 度，该地区被正式命名为静海站，并且有 3 个小环形山被命名为阿姆斯特朗、奥尔德林和柯林斯。

如果一切顺利，人类将在可预见的未来重返月球。毫无疑问，静海站将会被重新踏足并且成为一个主要的旅游景点。这里会有第一次任务的痕迹，特别是作为发射台的鹰式着陆器的底部；未来的宇航员将会看到它，并且会像许多年前登月先锋们所做的那样，凝视着那"壮丽的荒凉"。

在哪里找到它

类型：月海
大小：873 千米
年龄：31 亿 ~38.5 亿年
位置：北纬 8.5 度，东经 31.4 度
推荐工具：101.6 毫米（4 英寸）天文望远镜

澄海
普林尼
静海
普罗科洛斯
睡沼
游骑兵 8 号着陆点
柯西
阿波罗 11 号着陆点
丰富海

月球真实的颜色

我们的月球不仅仅是天空中的一个银色圆盘，矿物沉淀物赋予了它许多灿烂的色彩。

文：凯文·基尔伯恩

颜色成因

月球色调的不同起因于矿物质的沉积。

雨海
富含钛的玄武岩与棕色熔岩混合充满了东北角。

静海
深蓝色、富含钛的玄武岩溢出到静海的东侧。

澄海
月海上是主要充满了褐色的、富含铁的熔岩。

阿里斯塔克台地（伍德点）
暗黄色的长菱形区域被认为是由橙色玻璃沉积物覆盖着的。

阿里斯塔克环形山
靠近火山口附近的非常明亮、蓝色的富钛玻璃质矿床。

哥白尼和开普勒环形山
明亮的撞击喷射物覆盖在玄武岩和古代熔岩流上。

将望远镜对准满月，你能够瞥见它最不易察觉的一面——它的颜色。欣赏月球颜色最好的方式是在你的想象中试着画出它。当你使用目镜时，自己想一想，我将如何描绘我所看到的？白色背景上使用黑色墨水是否真的足以记录阿里斯塔克台地？不，当然不能。更加精细地使用木炭或者铅会更如实地描绘出它灰色的阴影吗——或者你会使用彩色铅笔，也许是奶油色、黄色，甚至是蓝色、棕色和紫色？当你开始思考这些词语时，你将会开始欣赏月球的真实色彩。

有些人会比其他人更容易看到月球表面的颜色——这取决于你对不同颜色的感知能力。但是一旦你识别出月球的颜色，它将会变得更加明显。最引人注目的地方是伍德点，它是一个边长200千米的菱形斑块。它高高的地形位于著名的阿里斯塔克环形山西北方，跨越40千米。即使一台76.2毫米（3英寸）的天文望远镜也能够探测到这里的颜色，使用一台更大的设备和相对更大的放大倍数，阿里斯塔克台地肮脏的黄色（也被称为伍德点）就会真实地出现了。它会与风暴洋中周围更加中性的灰白色和环绕阿里斯塔克环形山的更加明亮、稍显蓝白色的物质形成对比。

澄海是另一个色彩缤纷的区域，使用较低的放大倍数就能够很好地观测。它明亮的中心是明显的暖色调，这是相对于暗淡的东部边缘而言的，东部边缘由蓝色玄武岩组成，是由静海中溢出的。一些人声称靠近朗格伦环形山的丰富海部分是一片清凉的绿色。然而，熔岩温暖的色调遍布雨海东北部的绝大部分，对许多人而言，更加难以分辨。虽然大多数月海都呈现出一些表面色彩，但是多坑的朝向地球半球的南部却没有色彩，这表明其轰炸形成的景观早于这些更加年轻和多彩的月海10亿年而形成。

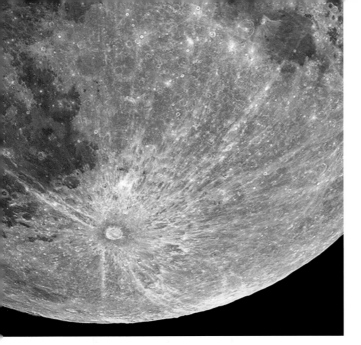

▲ 月球朝向地球的半球，南部的颜色不像北部那样丰富多彩。

测光的乐趣

在近一个世纪的大部分时间里，月球的颜色对专业的月球科学家来说都是非常有用的。自1910年以来，科学家们用校准的颜色滤光片来研究测量月球的表面亮度——这种技术被称为多色测光。他们也会比较使用滤光片的单色照片，这些照片显示了使用不同滤光片造成的月球表面相对亮度的差异。

1929年，美国天文学家WH.莱特在位于加利福尼亚州的里克天文台使用1524毫米（60英寸）的克罗斯利反射望远镜，在紫外和红外波段拍摄了月球的主焦点照片。这些照片中，紫外波段下偏红色显示暗弱，而红外波段下较蓝的颜色显示更暗。伍德点显示出非常大的不同：它在紫外波段非常暗，而在红外波段图像中几乎没有出现。他发现下一个最显著的颜色差异出现在靠近虹湾的雨海部分，在那里，红外波段图像

"显示出一个黑暗的标记，不规则地蔓延到月海底部，并朝向虹湾分叉"。

虽然莱特的观测并没有传达出月亮真实看起来的颜色，但他的技术使得科学家能够比较不同波长下月海岩石反照率与地球火山区的岩石样本反照率的不同。在实际获得采样样本数十年之前，这个工作就确定了月海岩石与陆地玄武岩和熔岩形似。

在20世纪50年代，洛杉矶格里菲斯天文台台长迪恩斯莫尔·奥尔特拍摄的单色照片也被用于分离色差，他使用蓝色和红外波段滤光片——他将一个波段获得的负片与另一个波段获得的正片相叠加。这样，奥尔特能够区分阴影中非常细微的变化。

在20世纪70年代初，阿波罗时代到来，从月球取回的月表样本能够作为"月球地面真实"的材料与地球岩石相对比。这些研究分析了矿物质含量和岩石的光谱信号——不同颜色下的反射光强度——以便更好地了解月球的化学组成。

用于月球颜色研究的方法带来了回报，后来被用在轨运行的阿波罗号航天器的多光谱、远程探测上。而后克莱芒蒂娜月球探测任务和伽利略探测任务也都对月球进行了颜色观测，后者在前往木星的途中，研究了伴随大约30亿年前主要月海盆地火山爆发而形成的月球陨石坑的相对年龄分布和地层。

对于业余观测者来说，月球的颜色似乎总是处于或者低于可视探测的阈值，这就是为什么大多数月球图都是单色的。1948年法国天文学家卢西恩·鲁达乌斯为《天文学百科全书》的法语原版创作了唯一有色的月球图。

这表明任何有能力的观测者都可以在过去70多年里的任何时间观测研究月球的颜色，但

伍德点

1910年，马里兰州约翰霍普金斯大学的物理学家罗伯特·伍德教授描述了阿里斯塔克台地——后来被称为"伍德点"，一个2千米高、横跨200千米的抬高的区域。他还观测到这里是紫外波段月面上最暗的区域，并且认为该地区显示出了硫沉积的迹象。

从视觉上来看，伍德点呈现出明显的黄褐色，其中一个原因可能是与它旁边的阿里斯塔克环形山形成了鲜明的对比。2005年，哈勃高性能相机在可见光和紫外波段对阿里斯塔克地区进行了成像观测。当与阿波罗15号和17号返回的已知化学成分的土壤样本测光数据对比时，我们发现环形山土壤中含有高浓度的玻璃，同时也发现它含有钛铁矿，一种二氧化钛矿物，这可能是它呈现蓝色的原因。

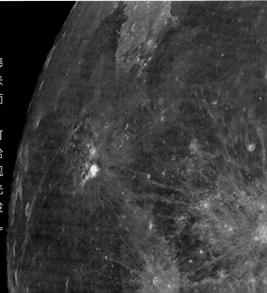

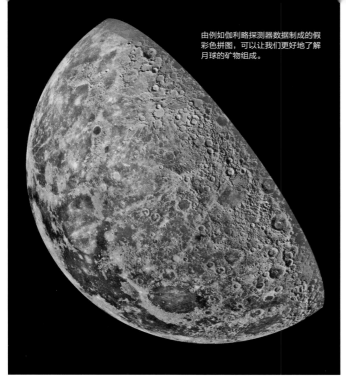

由例如伽利略探测器数据制成的假彩色拼图，可以让我们更好地了解月球的矿物组成。

▲ 哥白尼和开普勒撞击区域显示出复杂的、多层的地层学结构。

是很少有人记录下来。1940 年，英国观测者罗伯特·巴克在《大众天文学》杂志上发表了一篇名为《柏拉图的收获》的文章，文中刊载有大量的彩色参考文献；除此之外，最佳的彩色观测资料来源于英国天文协会在 BAA 杂志上发表的月球部分报告。

数字彩色图

20 世纪 50 年代和 60 年代的两本书——VA. 弗斯夫的《奇怪的月球世界》和吉尔伯特·菲尔德的《月球地质学》提到了颜色。曼彻斯特天文学家菲尔德在法国比利牛斯山脉的南峰天文台开展研究，这是 NASA 阿波罗登月计划前期研究项目的一部分。大多数当代月球书籍中从未提及过颜色，因为这是一个挑战。

但是，现在我们有了新的工具：数字摄影，它很容易显示出月亮的颜色。与传统的摄影不同，月球数字图像会包含有更多的信息，这些信息很容易通过图像处理软件提取到。利用望远镜获得的任何正常的、对焦良好的满月图片都能够经过处理显示其色彩，无论是整个月面还是月球特定区域的特写，都是如此。

▲ 卢西恩·鲁达乌斯的插图显示了月球颜色的细微变化。

色彩可以揭示很多关于月球地层、岩石层的信息。你可以从撞击坑喷射出的覆盖层，以及它们与更年老的特征和更年轻的特征并列的方式，从而获得月球的历史信息。雨海具有多层的结构，有红色熔岩流和被淹没的火山口，而风暴洋表面则是由哥白尼、开普勒和阿里斯塔克造成的复杂覆盖层，这提供了一个有关月球轰炸的非常详细的描述。

深蓝色的玄武岩池清楚地展现在风暴洋的复杂表面内，并且在阿里斯塔克台地周围有明显的蓝色。NASA 远程图像分析表明，这可能是由于新近撞击的地表下富含钛，而更老的、阳光侵蚀区域与周围地表玄武岩也形成了鲜明对比。与这些蓝色玄武岩形成鲜明对比的是雨海平原上红色、富铁的熔岩流，而阿里斯塔克台地的黄褐色则暗示着其覆盖着橙色玻璃，这可能来源于雨海纪时期的火山碎屑。

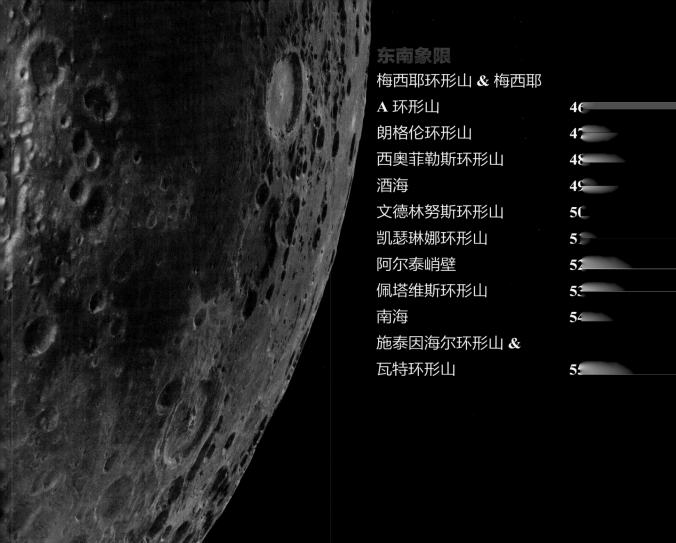

东南象限

梅西耶环形山 & 梅西耶
A 环形山   46
朗格伦环形山   47
西奥菲勒斯环形山   48
酒海   49
文德林努斯环形山   50
凯瑟琳娜环形山   51
阿尔泰峭壁   52
佩塔维斯环形山   53
南海   54
施泰因海尔环形山 &
瓦特环形山   55

我们现在把目光转移到更加多坑的东南部，在那里你会发现一个曾被认为是山峰的悬崖，壮观的环形山链和梅西耶的"彗星"。

月表观测：
东南象限

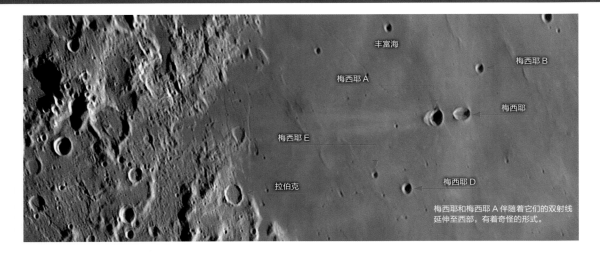

丰富海

梅西耶 B

梅西耶 A

梅西耶

梅西耶 E

拉伯克

梅西耶 D

梅西耶和梅西耶 A 伴随着它们的双射线
延伸至西部，有着奇怪的形式。

梅西耶环形山 & 梅西耶 A 环形山

文：帕特里克·摩尔

类型：	环形山
大小：	9 千米和 13 千米
年龄：	数亿年
位置：	南纬 1.9 度，东经 47.6 度
推荐工具：	152.4 毫米（6 英寸）天文望远镜

这一对儿环形山可能很小，但它们非常有趣。梅西耶和梅西耶 A 位于丰富海（肥沃之海），恰好在朗格伦环形山的西北部，因此它们可以在月相早期阶段进入视野并持续被阳光照射直到满月之后。

尽管它们很小，但它们非常易于识别，部分是因为它们不寻常的特征，而部分是因为它们附近没有其他显著的结构。它们以法国天文学家查尔斯·梅西耶的名字命名，这位彗星猎人因其编目星团和星云而被铭记。

梅西耶 A 最初是以美国月球和行星观测者威廉·H.皮克林的名字命名的，但由于某种不明原因，他的名字被国际天文联合会的月球委员会删除了。多年来我一直是该委员会的成员，但删除皮克林名字的决定早在我担任委员之前已经做出。

绘制了第一张月球图的德国观测者威廉姆·比尔和约翰·马德勒，在 1830 年至 1838 年间绘制了上百张这对儿环形山的图，并且将它们描述为完全相同——事实上的同卵双胞胎。事实当然并非如此，梅西耶 A 明显比较大（13 千米 ×11 千米，对比于 9 千米 ×11 千米），并且两者形状不同，梅西耶是椭圆形的，而梅西耶 A 更加不规则而且更深。

不可避免地有人会指出自 1939 年比尔和马德勒发布月球图以来这里发生了变化，但必须记住的是他们仅使用了小型望远镜（马德勒私人天文台的折射望远镜），并且这一对儿环形山的外观会逐夜显著变化。

有几次我使用一台与马德勒望远镜尺寸大致相当的、我自己的 101.6 毫米（4 英寸）折射望远镜，在整个月相周期的每个可见夜晚都描绘该双胞胎环形山。有时候它们看起来很像，但更多时候它们不同，这一切都取决于太阳照射的角度。而详细的图像由在轨航天器获得，并且科学家也确认了那里没有发生过近代的活动。

这对儿双胞胎环形山属于哥白尼时期，并且尽管按照月球标准它们还很年轻，但仍旧是在数亿年前形成的。梅西耶可能是由一颗小行星以低角度撞击形成的，而梅西耶 A 可能是撞击物反弹的结果，或者也可能是两个天体同时撞击的结果，观点不同而已。

一对儿奇怪的双射线从梅西耶 A 的边缘向西部延伸，穿过丰富海并跨越 100 千米，然后结束在

在哪里找到它

N

E

14 千米宽的拉伯克环形山不远处。由于显而易见的原因，这条射线被命名为"彗星"，在月球其他任何地方都未见有类似的结构。在丰富海上这对儿环形山所在区域还有几座卫星环形山，但都是小而浅的。最大的梅西耶 D 和梅西耶 E 位于该对儿环形山南部；梅西耶 D 直径为 8 千米，梅西耶 E 仅 5 千米。西北侧有一条长而精致的小溪，被正式命名为梅西耶月溪。

如果你想进行一系列引人入胜的观测，我建议你使用一台望远镜——即使是小型望远镜，例如 76.2 毫米（3 英寸）的折射望远镜——并遵循我在每个可能的晚上来描绘梅西耶环形山的计划。我想你会对结果产生兴趣，就像我在 70 年前尝试过的那样。

在哪里找到它

朗格伦环形山

文：帕特里克·摩尔

类型：	环形山
大小：	132 千米
年龄：	大约 8 亿年
位置：	南纬 8.9 度，东经 60.9 度
推荐工具：	101.6 毫米（4 英寸）天文望远镜

月球上最壮观的环形山之一朗格伦环形山，是大东部山链成员之一，其还包括有文德林努斯环形山和佩塔维斯环形山。朗格伦环形山的命名是为了纪念比利时天文学家米歇尔·佛洛伦特·范·朗格伦，他画出了早期最好的月球图之一。

新月后不久，朗格伦环形山就会进入视野，并且很容易被找到。它位于丰富海的边缘，并且拥有平均 20 千米宽、超出底部 2.5 千米高的连续的峭壁。其内壁是阶梯状的，而外墙则是陡峭和不规则的，最高的中央峰至少有 1 千米高。整个环形山底部都散布着巨石，但是没有月谷。底部的反照率比周围表面高，因此在高照度下，环形山看起来像一块明亮的斑块。南部的文德林努斯环形山与它大小相当，但明显年龄更大，并且拥有较矮的、残破的峭壁。

多年来，月球观测者曾经报告月球表面会偶尔发出辉光，变亮和暗淡，它们被称为月球瞬变现象。一些环形山，例如辉煌的阿里斯塔克环形山，似乎特别受它们的影响。

早期，朗格伦环形山不被认为是月球瞬变现象的易发区域，但是在 1992 年 12 月 30 日，世界行星观测的领导者之一——法国天文学家奥杜安·多尔菲斯在使用位于默东天文台的 838.2 毫米（33 英寸）折射望远镜进行观测时写道："在月球表面，朗格伦环形山的底部记录有发光现象。它们前一天并不存在，3 天后，它们的形状和亮度都呈现出相当大的改变。这些光在偏振光中也短暂地呈现出来。它们显然是由于气体从土壤中逃逸出造成的月球表面上方尘埃颗粒悬浮而形成的。月球看起来就像一个没有完全死亡的天体。"

朗格伦环形山周围有几个著名的环形山编队，特别是在它西北部由之前被称为比尔哈兹、直陈和阿特伍德的小环形山组成的三角形。比尔哈兹是其中最大的，直径 43 千米。朗格伦和月球边缘之间的区域在最有利的天平动条件下是值得探索的，因为这里有一些非常有趣的构造，其被透视效应明显缩短了，例如拉彼鲁兹，昂斯加律斯和卡斯特纳，但是永远不要忘记朗格伦本身。自从多尔菲斯的观测以来，再也没有关于月球瞬变现象的进一步报告，但是现象一旦发生即可能再次发生。

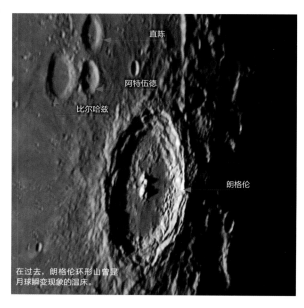

在过去，朗格伦环形山曾是月球瞬变现象的温床。

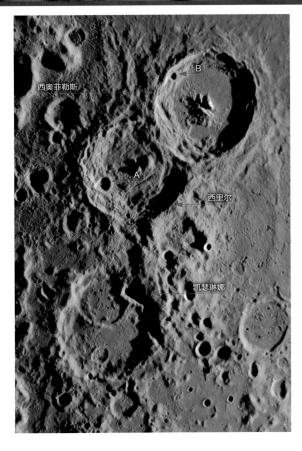

▶ 西奥菲勒斯环形山一定比临近的西里尔环形山更年轻，因为它侵入了西里尔环形山的边缘。

在哪里找到它

西奥菲勒斯环形山

文：帕特里克·摩尔

| 类型：环形山 |
| 大小：100 千米 |
| 年龄：11 亿~32 亿年 |
| 位置：南纬 11.4 度，东经 2.4 度 |
| 推荐工具：101.6 毫米（4 英寸）天文望远镜 |

作为整个月球上最雄伟的环形山之一，西奥菲勒斯在各个方面都与哥白尼相同——除了没有射线系统。它以一位相当凶残的亚历山大教皇西奥菲勒斯的名字命名，他于公元 412 年去世。

这个 100 千米宽的环形山是酒海以北、静海以南的 3 个巨大结构链之一，现在正式被称为狂暴湾。它高耸的阶梯状峭壁使得西奥菲勒斯呈现出非常规

则的圆形；其边缘是连续的，高出周围 1200 米，并且具有一些内部塌方的证据。

其内部仅有一个明显的环形山西奥菲勒斯 B，直径为 8 千米。西奥菲勒斯的底部相对平坦，有一个突出的、复杂的、拥有 4 个主峰的中央结构，其高出底部最深处 2000 米。

西奥菲勒斯是在 10 亿至 32 亿年前的爱拉托逊纪由巨大的撞击形成的。阿波罗 16 号的宇航员约翰·杨和查尔斯·杜克带回来的几块玄武岩可能产生于这一事件。爱拉托逊纪是月球历史上最活跃的时期之一，我们现在看到的许多壮观的环形山都是形成于那个时代。

西奥菲勒斯侵入了 98 千米宽的西里尔环形山的东北边缘，因此西里尔年龄稍微老一些，其峭壁保持了完整形态直到交汇点。以教皇西奥菲勒斯的侄子和继承者的名字命名的西里尔环形山的底部低于西奥菲勒斯，其间有一个中等的中央山丘和一个突出的火山口西里尔 A，直径 17 千米。三重奏（3 个巨大结构链）的第三位成员是 104 千米宽的凯瑟琳娜。它年龄很老，拥有相对较低和不规则的峭壁，其底部有一个弯曲的山脊，但没有中央峰。

西奥菲勒斯三重奏在朔望月的相对早期进入视野，并且直到满月后仍可见。它总是很容易被找到，是月球摄影师最喜欢的目标。当太阳升起或落下时观测它，你会发现那里的景色非常壮观，月球上没有其他地方有类似于它的景色。

酒海

文：皮特·劳伦斯

类型：月海
大小：360 千米
年龄：38.5 亿 ~39.2 亿年
位置：南纬 15.0 度，东经 35.0 度
推荐工具：101.6 毫米（4 英寸）天文望远镜

酒海是较小的月海之一，但它仍然覆盖了一片面积仅略小于英格兰的区域。

　　酒海是一个位于静海以南、丰富海以西的盆地。它 360 千米宽的直径大约相当于伦敦到肯达尔之间的直线距离，同时它 10.1 万平方千米的面积仅仅略小于整个英格兰的面积。

　　它的底部大部分是平的，并且布满小坑洞，一条来自独特的 88 千米宽的第谷环形山的明亮射线倾泻而下掠过它，形成一条明亮的条纹，从西南方向一直延伸到东北方向。第谷环形山位于酒海西南 1400 千米处。尽管被一些令人惊叹的特征包围着，但在它的边界内发现的最大的显著的环形山是碗状的罗斯，这个 12 千米宽的特征很容易被一台 101.6 毫米（4 英寸）的望远镜发现。

　　靠近北岸是较大的（48 千米宽）但是不那么显著的达盖尔，它已经被酒海熔岩淹没，并且现在被归类为幽灵环形山。当光线倾斜时，这样的特征最易被观测，这种情况发生在晨昏圈附近。在直接照射下，达盖尔几乎会从视野中消失。

　　位于达盖尔西部靠近西北岸的是 30 千米宽的麦德勒，这是一个独特的环形山，它拥有阶梯状的峭壁，并且使用小望远镜即可很容易看到。在高亮度下可以看到一条从北向南延伸的凸起的中央脊。

　　麦德勒位于 104 千米宽的拥有丰富细节的著名环形山西奥菲勒斯以东。它是围绕着酒海西部边界的 3 个大型环形山的最北端的那个；中间的环形山是 98 千米宽的西里尔；南端的标志是被侵蚀的、104 千米宽的凯瑟琳娜。

　　月海的南部边界被 128 千米宽的、被熔岩所淹没的弗拉卡斯托罗环形山截断。它的北部边界几乎消失了，只有当位于晨昏圈附近时才能看到崎岖不平的地形区域。因此，它看起来就像是月海的平滑延伸。

　　东部边界由 34 千米宽的博南贝格尔环形山和大小近似（30 千米）的博南贝格尔 A 环形山所标记。当光线倾斜时，可以看到博南贝格尔环形山西部有一条与月海同心的褶皱脊。一个小望远镜即可揭示一条 260 千米长将酒海和丰富海区分开的山脉，该区域西北部有一个 34 千米宽的戈迪拜尔环形山。

在哪里找到它

文德林努斯环形山

文：帕特里克·摩尔

丰富海
朗格伦
洛斯
文德林努斯
拉梅
霍尔登
巴尔莫
佩塔维斯

文德林努斯位于东部链，但在几个方面与其邻居截然不同。

类型：环形山
大小：147 千米
年龄：39 亿~45 亿年
位置：南纬 16.3 度，东经 61.8 度
推荐工具：101.6~152.4 毫米（4-6 英寸）天文望远镜

在哪里找到它

N
E

文德林努斯是东部环形山链的一部分，其他著名的成员是朗格伦环形山和佩塔维斯环形山，它的名字是为了纪念比利时天文学家戈德弗鲁瓦·文德林。文德林努斯位于佩塔维斯和朗格伦之间，位于丰富海的边缘。它在新月之后会很快进入视野，并在满月后不久消失在月夜。

这 3 个东部链成员并不相同，尽管它们大小相似。佩塔维斯和朗格伦都是有规则的、拥有峭壁的，而文德林努斯已退化，因此看起来较另外两个环形山更老。它的峭壁扭曲，比其他两个环形山更加不规则。在它的东北方向被直径 72 千米宽的拉梅环形山侵入。

文德林努斯的底部总体是平滑的，并没有像东部链的另外两个主要成员那样有中央峰的痕迹。然而，其间有几个非常明显的陨石坑。它似乎缺少微小陨石坑，我曾试图搜索它们但没有成功。显然，其底部在相当晚的时期被淹没过，并且已经冲走了中央山区留下的任何东西——如果确实曾经存在的话。

一个拥有中央峰的较小环形山洛斯从西北方向入侵，而其南部则是霍尔登，直径 40 千米，并且非常深。

文德林努斯的位置离月球边缘不远，这意味着只能在相当倾斜的照射下才能看到它。在其东南方向有一个巨大的结构，巴尔莫，其直径不比文德林努斯小，但拥有非常简洁的峭壁和光滑的底部。进一步朝向月球边缘是其他一些发育良好的环形山，其中最显著的是贝姆和吉布斯。我们只能在月球演化的早期推测这个区域的外观。

当太阳升起或落山时，文德林努斯及其同伴会形成一幅宏伟的图画，但是在满月附近它们却很难被识别，尽管它们位于丰富海海岸边的位置总是可以被找到。

所有的早期月球图上都描绘有这 3 个环形山。1992 年，法国天文学家奥杜安·多尔菲斯观测到朗格伦环形山内部的活动，但在此之前或者之后，东部链的 3 个大环形山均没有任何其他的记录。随着日出掠过文德林努斯的过程中，不需要大口径的望远镜，我们就可以看到它边缘上的各种小构造是如何进入视野的，这个过程非常令人愉悦。

凯瑟琳娜环形山

文: 帕特里克·摩尔

类型: 环形山
大小: 100 千米
年龄: 38.5 亿 ~39.2 亿年
位置: 南纬 18.0 度, 东经 23.6 度
推荐工具: 口径 101.6 毫米 (4 英寸) 天文望远镜

凯瑟琳娜是以亚历山大的圣凯瑟琳的名字命名的, 是环形山短链中最南端和最古老的成员, 其余成员是西奥菲勒斯和西里尔。西奥菲勒斯拥有高耸的阶梯状峭壁和高大的中央峰, 是月球上最壮观的环形山之一, 其在任何光照条件下均可辨认识别。它已经侵入了西里尔环形山, 这个环形山显然更老, 尺寸相似, 并且保留着一个低矮的中央山丘。更加古老的凯瑟琳娜环形山通过高而粗糙的地表与西里尔相连, 尽管两个环形山并不重叠。

凯瑟琳娜的整个边缘都是破损和不规则的, 其峭壁没有阶梯, 但或多或少都是连续的, 除了被一个直径为 46 千米的大环形山凯瑟琳娜 P 所打破的东北部之外。凯瑟琳娜 P 很好地侵入了凯瑟琳娜环形山, 并与之毗邻, 在凯瑟琳娜的峭壁上是另一个大的卫星撞击坑凯瑟琳娜 B, 其直径 24 千米。

凯瑟琳娜的底部部分被卫星环形山 P 和 S 所占领, 崎岖不平。据推测, 其间曾经有一个中央峰, 但我现在找不到任何关于它的痕迹, 并且外围的壁垒也不再存在。尽管如此, 它还是增强了西奥菲勒斯三重奏的美感; 在月球上再没有类似的景观, 它从新月后不久直到满月后的一段时间内都可以跟踪观测。

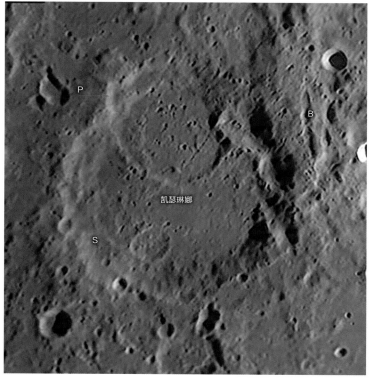

▲ 凯瑟琳娜是月球表面上一个令人印象深刻的环形山链中最古老的那个。

其东部靠近酒海的边缘, 而西边则是我们曾经称之为阿尔泰山脉的地方, 现在被称为阿尔泰峭壁——阿尔泰悬崖。这个特征更加确切地体现了悬崖的本质, 而非山脉; 它几乎有 500 千米长, 是酒海环状系统的一部分。其东部平均海拔 1829 米, 但仅略高于西部的一般水平。波利比乌斯是一个结构完好的环形山, 宽 32 千米, 位于凯瑟琳娜的西南。凯瑟琳娜东北部的塔西陀, 直径 40 千米, 呈多边形, 位于凯瑟琳娜和 64 千米宽的艾布·菲达环形山之间。

当太阳低于其时, 整个区域显得格外壮观。请在太阳刚刚升起或者落下时描绘或者拍摄它。尽管西奥菲勒斯一直占据主导地位, 但不要忽视三重奏的其他成员。精致的、完好无损的西奥菲勒斯和古老的、残破的凯瑟琳娜之间有着惊人而鲜明的对比。

在哪里找到它

N
E

通过使用更加显著的西奥菲勒斯三重奏环形山，可以更加容易地找到阿尔泰峭壁。

（图中标注）西奥菲勒斯、酒海、西里尔、塔西陀、凯瑟琳娜、波利比乌斯、费马、庞斯、阿尔泰峭壁

N
E

阿尔泰峭壁

文：帕特里克·摩尔

类型：峭壁
大小：480 千米
年龄：39.2 亿 ~45.5 亿年
位置：南经 23.0 度，东纬 24.0 度
推荐工具：口径 101.6 毫米（4 英寸）
天文望远镜

阿尔泰峭壁在许多早期的月球图上被标记为阿尔泰山脉。从该区域的总体视角来看，这个峭壁确实看起来是多山的，从表面上看，尤其是其投下阴影时，它确实看起来像一个山脉，但它实际上是酒海环状系统的一部分。

事实上，酒海本身就是一个被熔岩完全淹没的月球盆地的中心部分，阿尔泰峭壁简单地构成了月海边缘一个轮廓分明的延续。

阿尔泰峭壁开始于凯瑟琳娜环形山附近，这是一个以亚历山大的圣凯瑟琳的名字命名的大型结构，其受到流星体撞击而被严重破坏。凯瑟琳娜是一个著名的环形山三重奏的一个成员，其余两个是西奥菲勒斯和西里尔。阿尔泰峭壁向南延伸越过费马环形山，向北几乎延伸至塔西陀环形山。这个峭壁很容易被找到，因为西奥菲勒斯三重奏环形山很难被错过。通过研究这 3 个环形山我们可以学到很多东西。西奥菲勒斯本身是最年轻的，因为它侵入了西里尔，而西里尔又侵入了凯瑟琳娜。

位于峭壁北端的背面，你会发现塔西陀，一个显著的、形状良好的环形山，横跨 40 千米，以著名的罗马历史学家的名字命名。峭壁本身并没有延伸越过塔西陀，虽然在合适的光照下它给人以如此的印象。在西奥菲勒斯三重奏以南的区域，能够在峭壁的一侧寻找到波利比乌斯环形山，在另一侧寻找到费马和庞斯。阿尔泰东部和西部之间的高度差异非常明显。峭壁高过东部地面的一般水平，但仅略高于西边的高度，它相当于 1000 米高。

研究了峭壁周围环境后，值得注意的是，环顾四周究竟有多少"山脉"并不是真正的山脉，而是与阿尔泰结构性质相似的峭壁。同样值得注意的是，较小的"月海"中有些只不过是更大月球盆地中的较深部分，这样的情形有很多。

阿尔泰峭壁以南的整个区域都很粗糙，即使按照月球标准也是如此，并且在任何地方都没有平坦的地面。小型或者中型望远镜足以识别西奥菲勒斯三重奏和阿尔泰峭壁本身。

佩塔维斯环形山

文：帕特里克·摩尔

类型：环形山	
大小：177 千米	
年龄：未知	
位置：南纬 25.3 度，东经 60.4 度	
推荐工具：口径 101.6 毫米（4 英寸）天文望远镜	

在哪里找到它

▼ 佩塔维斯是一个雄伟的环形山，拥有引人注目的中央群山。

请看月球上最壮观的结构之一，环壁平原佩塔维斯，以相当平凡的法国神学家丹尼斯·佩塔的名字命名。它是丰富海东南部大型结构链的成员，几乎是完美的圆形，但由于距离月球边缘不远，因而通过透视效应它显示为椭圆形。结构链的其他成员是大小相近的朗格伦和文德林努斯环形山。朗格伦环形山相对来说并没有受到什么影响，而文德林努斯却受到后期撞击的严重破坏。

佩塔维斯环形山拥有高而连续的峭壁，在某些地方高出明显凸起的底部 3.5 千米。我发现最好的观测时刻是新月后 3 天。在余下的朔望月周期内，阴影以惊人的速度在消退，直到满月之后，佩塔维斯被识别为一个白色的椭圆。在整个区域被月球夜晚吞没之前，它的雄伟之姿又会重新出现了。

佩塔维斯的峭壁非常宽阔，并且任何位置均无破损，尽管形状良好的 57 千米宽的罗茨利环形山触及到了其西北边缘。峭壁上有相当多的细节，并且沿着南部和西部有一个明显的双环。

环形山的底部已经被熔岩流重新覆盖，并且包含了一个巨大的中央山脉群，峰值高出地面 1.7 千米。这个拥有多峰的结构是如此的复杂，以至于难以精确描绘——试试成像吧！但是更令人感兴趣的是中央山峰群岛到内墙之间广阔深邃的月谷。在合适的光照条件下，一台非常小的望远镜即可观测到它。假如你是一个没有什么经验的观测者，也可以很容易地区分佩塔维斯和朗格伦环形山。事实上，它是环形山底部更加复杂月谷系统的一部分，现在被正式称作佩塔维斯月溪。

众所周知，月球瞬变现象往往出现在富含月谷的区域；因此，我不会对佩塔维斯的月球瞬变现象报告感到惊讶。但我对于听到法国天文学家奥杜安·多尔菲斯在朗格伦发现了这一事件感到非常惊

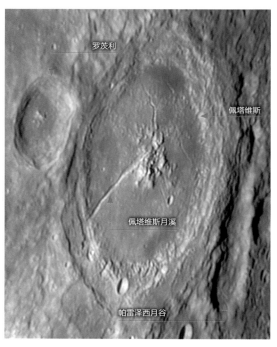

罗茨利

佩塔维斯

佩塔维斯月溪

帕雷泽西月谷

讶。我的期望值太高了！

帕雷泽西位于佩塔维斯的东侧，在旧月球图上被列为 40 千米宽的环形山。我并不确定究竟是谁第一个意识到它其实是佩塔维斯东侧边缘外跨越100 千米的一条月谷的南端。1935 年，我确实发现了，但毫无疑问它的本质在更早的时候就已经被重视。它现在被证实命名为帕雷泽西月谷，与它相连的是 83 千米宽、被严重破坏的哈斯环形山，其给人以它是帕雷泽西月谷一部分的印象。佩塔维斯有许多卫星环形山，其中最大的是佩塔维斯 B，直径33 千米，是短射线系统的中心。

总而言之，这是一块迷人的区域，请在下一个新月之后密切关注它。

南海

文：帕特里克·摩尔

类型：月海
大小：612 千米
年龄：39 亿~45 亿年
位置：南纬 40.4 度，东经 94.5 度
推荐工具：口径 101.6 毫米（4 英寸）天文望远镜

在哪里找到它

南海是一个不规则的月海，与危海等其他明确定义的月海截然不同，最好在满月之后立即观测它，此时它位于晨昏圈上。

尽管它延伸到了月球背面，并且它的一部分在农历月中段时间内是不可见的，但它仍然出现在了大多数的早期月球图上。无论如何，从地球上看，它总是被透视效应明显缩小以至于很难看清楚，在太空探测时代来临之前，它是无法被充分探索的。的确，当他们发回第一张月球背面照片时，很明显没有危海这种类型的月海。

圆圈内，在南海和雷依泰之间的区域有各种各样环壁平原，韦加即是其中之一。南海的形状大致呈圆形，直径约 600 千米。它的总面积约为 15 万平方千米，许多地方都被陨石坑和平原所覆盖。由此我们可以确定，即使按照月球的标准来衡量，南海也是非常古老的。南海盆地似乎是在前酒海纪形成的，而其内部物质则是在上雨海纪形成的。

定位这个月海最佳的方式是找到韦加和其毗邻的佩雷卡斯环形山。它比这些构造更加偏向月球边缘。月海的东半部位于月球的背面，尽管在有利的天平动条件下可以观测到整个月海。

在月球进化的早期阶段，南海可能相当显著。它包含有各种各样虽然并不相连但都被熔岩所淹没的陨石坑，这证明洪流来自于其下方。这里并没有一个更老的盆地存在的明显迹象。

满月之后不久就能够看到南海，但是即便如此，观测它的机会也是非常有限的。当太阳在该区域升起时，细节往往会丢失，并且构成海洋的板块不够大也不够好，以至于难以识别。然而，在其第一次进入视野之后连续几个晚上观测它是非常有趣的，试试看你能找到多少细节。

在南海底部的陨石坑中，兰姆是最大的。它的形状或多或少是圆形的，而且没有被任何明显的小陨石坑所覆盖，其内部已经被玄武岩熔岩重新铺设过。与其毗邻的是另一个陨石坑詹纳，它很规则，并且在有利的观测条件下很容易被找到。

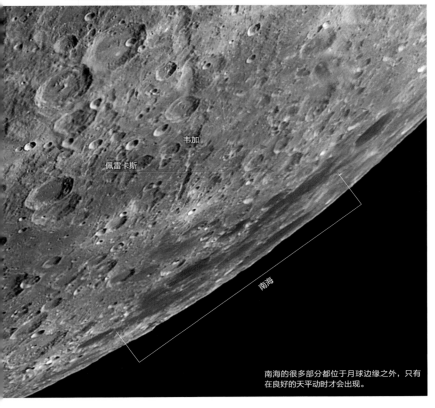

韦加

佩雷卡斯

南海

南海的很多部分都位于月球边缘之外，只有在良好的天平动时才会出现。

施泰因海尔环形山 & 瓦特环形山

文：帕特里克·摩尔

| 类型：环形山 |
| 大小：26千米和25千米 |
| 年龄：38.5亿~39.2亿年 |
| 位置：施泰因海尔在南纬48.6度，东经46.5度；瓦特在南纬49.5度，东经48.6度 |
| 推荐工具：口径152.4~203.2毫米（6~8英寸）天文望远镜 |

这对儿环形山并不难被发现，因为除了在高照度之外，它们是非常独特的。它们位于拥有巨大的破损围墙的让桑平原和月球边缘之间，所以它们在新月后不久就会很快进入视野，并且在满月后不久消失。施泰因海尔环形山是以德国天文学家和物理学家卡尔·奥古斯冯·施泰因海尔的名字命名的，瓦特的名字是以发明了蒸汽机的苏格兰工程师詹姆斯·瓦特的名字命名的。

由于施泰因海尔侵入了瓦特，因此它必然是二者中较年轻的——虽然年轻得不多。两者都可以追溯到所谓的酒海纪时期，在38.5亿~39.2亿年前。虽然因为距离月球边缘不远而看起来呈现椭圆形，但二者基本上都是圆形的，它们很容易被识别，在其西北方向有一个巨大的、部分被破坏的让桑平原。

施泰因海尔拥有连续的峭壁，其西侧部分高出底部3350米，仅比外部景观高出一点。沿着其边缘和内壁有一些小小的坑洞，在东北边缘内侧底部有一个较大的坑洞。根据月球的标准，其底部本身是平坦的；有一些小坑洞，但没有中央峰的迹象。

瓦特是相似的，尽快其西北部1/3的边缘已经被施泰因海尔侵入覆盖，而其余的边缘似乎是锯齿状的。其底部有一些小型的坑洞，还有一些精巧的山脊和一些施泰因海尔的喷射物。

孪生现象在月球上并不少见。格里马尔迪区域的西萨利斯和西萨利斯A成对儿，与施泰因海尔和瓦特属同一类型，尽管它是以靠近一个著名的月谷而闻名的。在遥远的北方有另一对儿双胞胎，查理斯和迈因。还有一些没有连在一起的三重奏结构，例如阿基米德组，以及一些环壁平原组，特别是托勒密、阿方索和阿尔扎赫尔，当然还有巨大的结构链，例如佩塔维斯和文德林努斯。在更小一些的尺度上，还有雨海中成对比的比尔和费里利。

事实上，月球结构的分布非常随机，这也是许多月球观测者相信它们起源自火山的原因之一——包括我在内。我不得不承认，只有当证据支持其他理论呈压倒性优势时，我才会改变主意。

尽管如此，仍有一些事实困

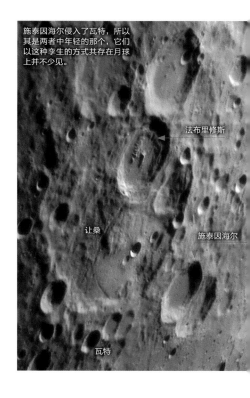

施泰因海尔侵入了瓦特，所以其是两者中年轻的那个，它们以这种孪生的方式共存在月球上并不少见。

法布里修斯

让桑

施泰因海尔

瓦特

在哪里找到它

N
E

扰着我。据推测，瓦特陨石被施泰因海尔陨石快速地跟踪着——它们在一起旅行吗？为什么瓦特的峭壁几乎没有被破坏，直到施泰因海尔与之重叠？从更大的范围来看，看看广阔的东部链：文德林努斯肯定比佩塔维斯更老——并且危海是另一个成员吗？我们去过月球，但是我们还不能声称已经解开了月球的所有谜团。

施泰因海尔和瓦特周围的地区是非常粗糙的，并且遍布特征。它的最佳观测条件是相当倾斜的光照下，并且在满月之后，它被黑夜所吞没之前的时间并不多，因而需要仔细选择你的观测时间。你能够从这些奇怪的月球孪生现象中学到很多东西。

由月球轨道勘测探测器成像的哈德利月谷是阿波罗 15 号的着陆点。

发现月球峡谷

使用我们详细的观测指南来探索穿过月球表面的裂缝和峡谷。

文：皮特·劳伦斯

通过任意尺寸的望远镜观测，月球都是一个迷人的对象。它表面覆盖着深深的环形山、充满熔岩的盆地、隐约可见的山脉和各种各样的地质特征。其中也包括被称为月谷的月球表面裂缝——这个名字源自于德语，意味着"槽"。据推测大多数的月谷（也称为裂隙）有 36 亿年的历史，它们有多种形式，但主要分为 3 种。

弯弯曲曲的月谷看起来像是由蜿蜒曲折的河流所雕刻而成。这其实与事实相去不远，除了这条河流是熔岩而非水。人们相信曾经在月球表面流淌的熔岩形成了管道，流星体的撞击会导致熔岩长期流淌的管道坍塌。

弧形的月谷在月球盆地中呈现为同心圆的一部分（弧形），它们被认为是当填满盆地的熔岩冷却收缩时形成的。盆地中央的熔岩沉积物略微下沉，导致这些月谷出现在盆地的边缘。

正如它们的名字所示，直的月谷在月球表面呈现为几乎线性的"道路"，在大多数情况下，这些是地堑——两个平行断层之间下降的表面区域。

在接下来的几页中，你将能找到一些从地球上使用望远镜可观测到的最佳的月谷。

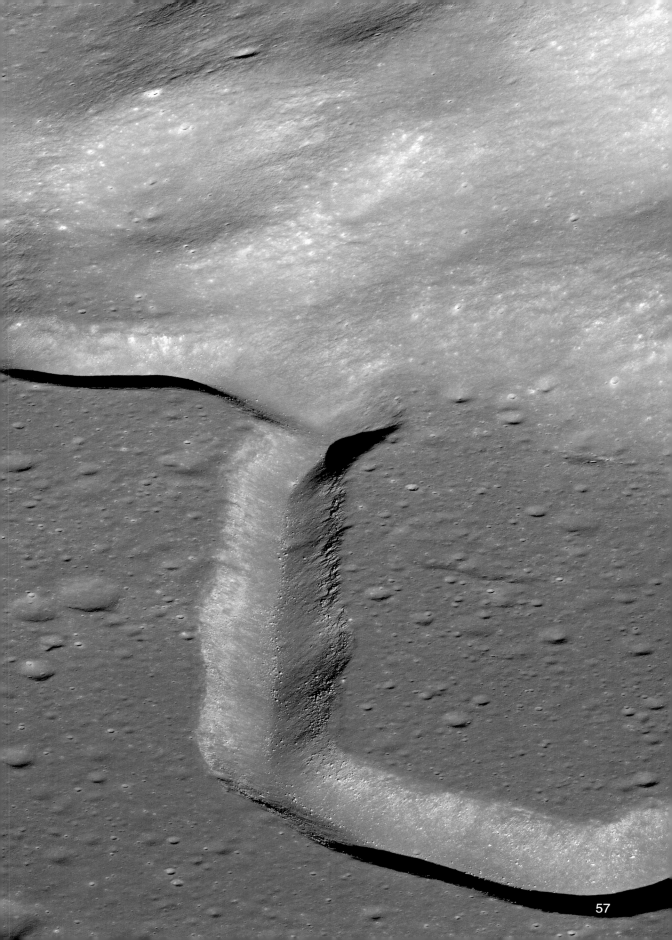

阿里亚代乌斯月溪

长：300 千米

最大宽度：5 千米

最佳观测时间：新月后 6 天或满月后 5 天

观测望远镜最小口径：101.6 毫米（4 英寸）

阿里亚代乌斯月溪是一条直的月谷，其两侧或多或少是平行的，穿过了静海和汽海之间 300 千米的月球表面。

月谷起始于靠近静海西岸的边缘处，位于上图中的右下方，就在 12 千米宽的阿里亚代乌斯和 8 千米宽的阿里亚代乌斯 A 这一对儿小环形山的北边。它从那里转向西略偏北的方向，经过 94 米宽的儒略·恺撒环形山的南部，然后到达几座小山峰处。它似乎在恢复其路径之前向侧面移动。这种转变（在它的西端附近还有一个）是一个罕见的滑坡 - 断层的例子，其间地壳呈现出水平的、横向的运动。

当它接近汽海时，阿里亚代乌斯月溪似乎变得更浅了，在这里可以看到一条支流朝向希吉努斯月溪分裂出来。

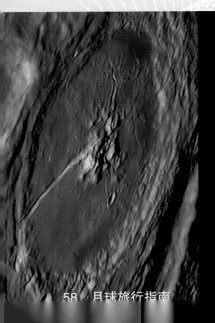

佩塔维斯月溪

长：60 千米

最大宽度：2 千米（主要的西南特征）

最佳观测时间：新月后 3 天或满月后 2 天

观测望远镜最小口径：76.2 毫米（3 英寸）

佩塔维斯是一个靠近月球东南边缘的、182 千米宽的环形山，它的位置意味着从地球上看这个圆形的特征被透视效应压扁为椭圆。

位于环形山中央的是一片巨大的山脉群。从西南边缘向这个山群延伸即是佩塔维斯月溪，一个类似于巨大钟表表盘上分针的直线。这是较大的环形山裂中的一个，其在合适的条件下使用小望远镜即可观测到。

虽然"分针"看起来相当直，但是月谷并没有地堑那样的平底，它的横截面更类似于 V 形。第二个月溪似乎从山脉群延伸到北部边缘，但是高分辨率图像显示它是较大的月溪的延续。

在中央山脉的东北部也有一些较小的月溪，它另一个让人好奇的地方是不寻常的平行沟槽特征，该特征在月溪与环形山边缘处交接的地方向南弯曲。

西帕罗斯月溪

长：230 千米

最大宽度：3 千米

最佳观测时间：上弦月后 3 天或下弦月后 2 天

观测望远镜最小口径：101.6 毫米（4 英寸）

湿海的东边边缘呈现出许多同心圆裂缝，其被称为西帕罗斯月溪。当充满熔岩的湿海盆地冷却并缩小时，形成了这些弧形月溪。盆地中心物质的绝对质量导致了裂缝出现在边缘上。

这个月溪名字来自于 60 千米宽的西帕罗斯环形山，其一侧被湿海熔岩所淹没。这有 3 个主要的月溪：西帕罗斯 1、2 和 3，还伴随有几个较浅且不明显的裂缝。

主要的月溪穿过开尔文峭壁，这是一片位于湿海东南海岸的山区，其内部的月溪在穿过它时保持独立，而外部的两个则汇聚在了一起。

希吉努斯月溪

长：220 千米

最大宽度：2 千米

最佳观测时间：新月后 6 天或满月后 5 天

观测望远镜最小口径：152.4 毫米（6 英寸）

在靠近阿里亚代乌斯月溪处，部分笔直部分蜿蜒的希吉努斯月溪是一个迷人特征。它浅浅地起始于阿里亚代乌斯的南部，从那里，它向西北延伸到 10 千米宽的希吉努西环形山口，并开始折向北，沿着一条几乎是笔直的路径前行。

通过大型仪器的高倍视野显示，在这条北部的小路上到处都是小坑洞。对此，一个合理的解释是一些地下熔岩通道的顶部已经坍塌，从而在表面上可见凹陷。在地球上的地下熔岩通道上也可以看到同样的景象。希吉努斯环形山的起源很可能是火山喷发而非撞击，如果如此，它将是月球表面上最大的非撞击环形山之一。

夏洛特利月谷

长：140 千米

最大宽度：10 千米

最佳观测时间：上弦月后 4 天或下弦月后 3 天

观测望远镜最小口径：101.6 毫米（4 英寸）

夏洛特利月谷是一个令人印象深刻的蛇形景观，靠近 41 千米宽的月球正面最亮的阿里斯塔克环形山。从地球上，我们可以看到这条曲折的月谷蜿蜒地远离一个邻近的 36 千米宽的希罗多德环形山。

月谷从希罗多德环形山向北延伸大约 30 千米，然后转向西北方向再延伸 50 千米。在这段路程末尾继续延续它的轨道之前，它经历了一段曲折盘旋之后才转向了西南方向。月谷的宽度沿着它的轨道变化，主体部分宽度在 6 千米至 10 千米之间，但当它在西边终止时，宽度减少到 500 米。

靠近希罗多德环形山附近有一个更宽的特征，俗称"眼镜蛇头"，它是由月谷和一个陨石坑合并形成的，而且月谷本身又超过了它延伸了一小段距离。

眼镜蛇头内部还有一个非常细小的月谷，这是一个难以发现的特征，据估计其宽度仅有 200 米。

阿尔卑斯月谷

长：180 千米

最大宽度：12 千米

最佳观测时间：上弦月或满月后 6 天

观测望远镜最小口径：50.8 毫米（2 英寸）

著名的阿尔卑斯月谷靠近巨大的雨海盆地东北岸，这条笔直的月谷是地堑的一个例子，此处两个断层线之间的月球表面向下倾斜。

这条月谷从西南到东北呈一条直线。在它的最南端，月谷被两座山夹住，这两座山有时被称为"守护者"，这些"守护者"实际上切断了山谷，所以它并没有完全抵达雨海。

就在"守护者"的背面，月谷的峭壁向外延伸，形成了一个椭圆形的露天剧场。在此之后，它们再次聚集在一起，继续沿着直线延伸。月谷的大部分南墙相当平直，但北墙则显得不规则得多。在某些特定照明条件下，似乎有一个扰动会垂直运行穿过月谷的中部。

阿尔卑斯长 180 千米，最宽处 12 千米，是月球主要的景观之一，即使使用小型仪器也能很容易找到它。月谷的峭壁将阴影投射到其下面平坦的底部——无论是北墙还是南墙，这取决于月相。

以高分辨率近距离观测这一特征，可以发现另一条蜿蜒曲折的月谷直通主谷的中心，它大约深 100 米，通常不到 1 千米宽。对于专门的月球观测这来说，发现或拍摄这一微小的月谷被视作一项重大的成就。

哈德利月溪

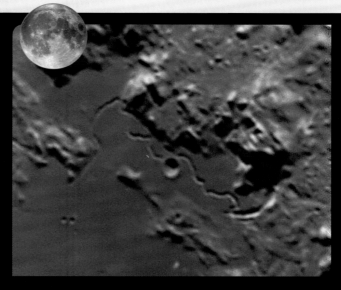

长：80 千米

最大宽度：2 千米

最佳观测时间：上弦月或满月后 6 天

观测望远镜最小口径：203.2 毫米（8 英寸）

哈德利月溪之所以众所周知，是因为阿波罗 15 号在其北侧登陆，为我们提供了在月球表面拍摄的这些令人兴奋的月球特征的特写镜头。从地球上看它，需要一定的毅力才能找到它，但这是值得的。你可以在一个 203.2 毫米（8 英寸）望远镜的视场内看到这个月溪，尽管它窄至 2 千米的宽度需要非常稳定的视宁度。

哈德利月溪得名于亚平宁山脉附近海拔 440 米的哈德利山。这条月溪就像一条蜿蜒曲折的河流，穿过亚平宁山脉内部一个平坦的、熔岩填充的地区。你可以通过在 85 千米宽的阿基米德环形山的东南边缘和山脉之间绘制一条最短的直线来定位这个区域。

定位哈德利月溪的关键是找到 6 千米宽的哈德利 C 环形山，一旦你找到了这个环形山，你将会看向月球图的右半部分——月溪蜿蜒在它的两侧。就是这个坍塌熔岩管所形成的美丽平滑曲线，使得定位它变得如此令人兴奋。

月溪北侧较直的部分标志着阿波罗 15 号登月舱的大致位置，其继续延伸到一个多山区域，环绕它的山基，而后抵达终点。

伽桑狄月溪

长：80 千米

最大宽度：少于 2 千米

最佳观测时间：上弦月后 3 天或下弦月后 2 天

观测望远镜最小口径：203.2 毫米（8 英寸）

110 千米宽的伽桑狄环形山位于湿海的北岸，它是一个巨大的圆形火山口，其中央山峰群有多个山峰组成，高达 1200 米。由于透视效应，它从地球上看起来是椭圆形的。

伽桑狄环形山底部布满了粗糙的地块和弧形裂缝，这些裂缝统称为伽桑狄月溪。这些裂缝很细并且在许多地方交叉，形成了一个贯穿伽桑狄的网络。

环形山的边缘看起来像是被南部湿海流出的熔岩破坏了，淹没了环形山底部的一个新月形区域。航天器拍摄到的高分辨率图像显示，其边缘实际上是完整的，流入环形山的熔岩可能进入了环形山的边缘之下，这使得平坦的新月形部分和严重开裂的伽桑狄环形山底部形成了鲜明的对比。

这些月溪非常小，所以你至少需要一台 203.2 毫米（8 英寸）的望远镜和良好的视宁度条件下才有机会发现它们。它们形成的确切机制尚不完全清楚，但最有可能与熔融熔岩底部冷却时发生的总体开裂有关。一个年轻的、6 千米宽的环形山伽桑狄 A 切断了北面主体环形山的边缘。

西北象限

在这个象限中，你会发现一些月球最著名的特征——辉煌灿烂的哥白尼环形山、深色底部的柏拉图和月球阿尔卑斯山脉等，在它们旁边是一个曾被人为是充满植被的环形山。

西北象限

毕达哥拉斯环形山	64
露湾	65
柏拉图环形山	66
直列山脉	67
虹湾	68
阿基米德环形山	69
窝沼	70
阿里斯塔克环形山	71
月球亚平宁山脉	72
喀尔巴阡山脉	73
厄拉多塞环形山	74
哥白尼环形山	75

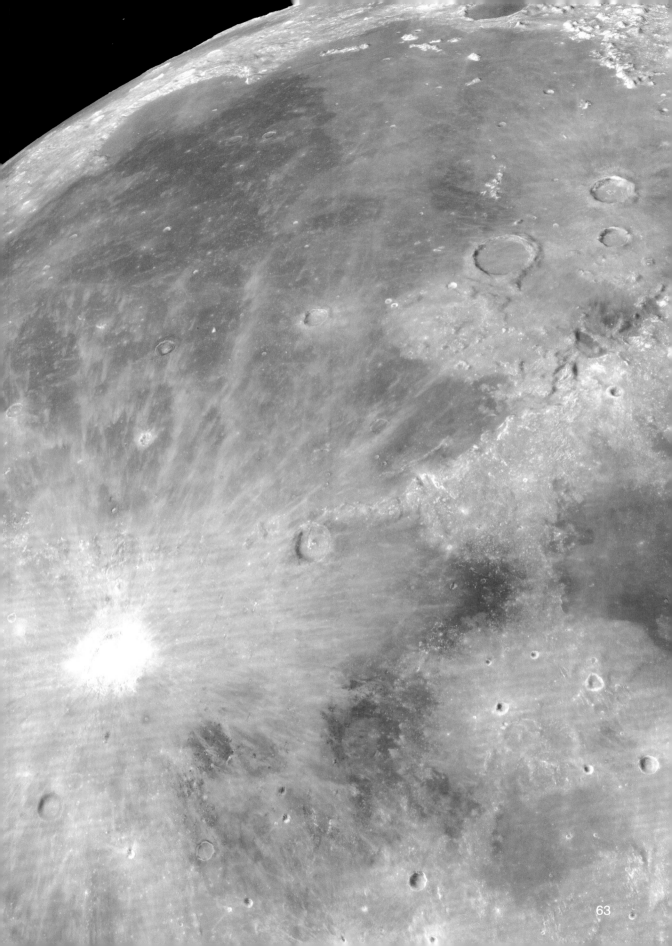

毕达哥拉斯环形山

文：帕特里克·摩尔

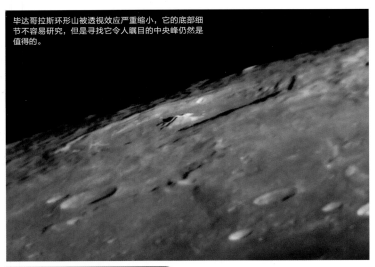

毕达哥拉斯环形山被透视效应严重缩小，它的底部细节不容易研究，但是寻找它令人瞩目的中央峰仍然是值得的。

类型：环形山
大小：130 千米
年龄：10 亿~30 亿年
位置：北纬 63.5 度，西经 62.8 度
推荐工具：101.6~152.4 毫米（4~6 英寸）天文望远镜

作为月球上最主要的环形山之一，毕达哥拉斯环形山以伟大的希腊哲学家的名字命名。这个 130 千米的环形山比第谷或者哥白尼还要长。不幸的是，它位于冷海旁边的月球边缘附近，因此从地球上看，它永远没有有利的观测条件。在满月之前寻找它，高照度下它总是可以被追踪到的，即使此时月球几乎没有阴影，但在阴影返回之前想要寻找到它也并不容易。

毕达哥拉斯环形山结构良好，具有高出下沉底部 5 千米的阶梯式连续峭壁。它基本上是圆形的，但若仔细观察，它会显示出略微呈六边形的轮廓，并且在外部有一个低矮的壁垒。由于它靠近月球边缘，所以毕达哥拉斯

环形山被透视效应严重缩短了。然而，即使是使用小型望远镜也足以展现出峭壁的阶梯结构和令人印象深刻的中央结构——一座海拔 1.5 千米的双峰山脉。

其底部细节在地球上不容易被观测，但我们有从航天器上获得的优秀图片。它的峭壁阶梯非常明显，尽管它不是射线结构的中心，但毕达哥拉斯在很多方面看起来和哥白尼相似，其内部相当平坦，有许多低矮的山丘和一些小火山口，不过，其底部当然是由巨大的中央结构所主导的。

在哪里找到它

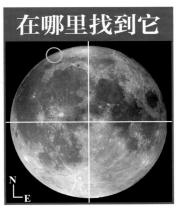

N
E

毕达哥拉斯环形山似乎是在所谓的早期历史时期（10 亿到 13 亿年前）形成的，因此它绝对比第谷和哥白尼更古老，但比附近其他的大型结构更年轻，如巴贝奇环形山、索思环形山和约翰·赫歇尔环形山。它们都具有低矮、破碎、不连续的峭壁，缺乏中心结构。长达 142 千米的巴贝奇环形山实际上与毕达哥拉斯的东南边缘相连，这两个结构的年龄差异非常明显。在巴贝奇的另一边，是一个与其类似但是更加破败的索思环形山，直径 108 千米。越过索思，我们就来到了不规则的冷海的灰色地带。

因为极度的透视效应，毕达哥拉斯环形山的边缘区域很难被观测到，但是在最佳天平动条件下，可以看到两个相当大的环形山：位于西经 90.6 度直径 85 千米的克雷莫纳和位于西经 87.4 度直径 63 千米的布尔。其周围有许多小结构，并且毕达哥拉斯本身就有卫星环形山，在地图上用字母标识；其中最大的两个是毕达哥拉斯 D（31 千米）和毕达哥拉斯 H（18 千米）。

由于毕达哥拉斯是满月前最后一个被阳光照亮的环形山之一，因而它也是新月前最后一个被黑暗笼罩的环形山之一。但所有的月球观测者都知道研究薄月牙所带来的问题，更何况还需要早起并打开你的天文台（如果你没有永久性的天文台，便需要将你的便携式望远镜放在合适的位置）。但至少从满月之前到一个月相周期结束，毕达哥拉斯均可见，我强烈建议你去寻找它。如果它距离月球边缘更远一些，那么就算比起来西奥菲勒斯或者第谷，甚至是"月球之王"哥白尼，它都不会相形见绌。

露湾

文：帕特里克·摩尔

类型：月湾	
大小：195 千米	
年龄：10 亿~30 亿年	
位置：北纬 54 度，西经 56.6 度	
推荐工具：101.6~152.4 毫米（4~6 英寸）天文望远镜	

露湾，或称露之海湾，是来自较大的风暴洋的溢流，风暴洋本身也在某种程度上进入到了月球的正面，如果将二者一起考虑，那么它们构成了最大的月球海洋。

月球表面这一区域中的边缘远离风暴洋，且相当明亮。其附近的 23 千米宽的哈丁环形山仅拥有矮壁，但很容易辨认，因为附近没有其他明显的特征。

这个月湾自身构成了从风暴洋进入到冷海的出口。总而言之，冷海并不特别引人注目，并且它的表面

与风暴洋的表面拥有相同的总体外观；它们拥有同样的颜色，表明它们也拥有同样的年龄。事实上，非常值得将露湾的颜色与风暴洋的颜色进行比较，我们想要分辨出露湾在哪里结束而风暴洋在哪里开始并不容易，它们不是独立的结构。

月湾的表面除了一个例外之外，没有其他明显的特征。该例外是一个被称为吕姆克山的结构，乍看似乎是一个大约横跨 48 千米的半坡高原。然而，仔细观测后你会发现这种解释太简单了。

吕姆克山事实上是几个非常紧密相连的月球穹顶，它们位于一个略为隆起的区域。在月球的任何地方都没有这样的东西；我曾仔细寻找过类似的结构，但完全失败了。当然，为了看到这个特征，你非常值得去研究所有的照明条件。幸运的是，它很容易被找到，因为它位于露湾的边缘，而有关它的起源还是一个有争议的问题。

露湾本身并没有什么可看

在哪里找到它

N
E

的，仅有几个非常小的坑洞。露湾的边缘非常明显，在它和月球边缘之间有一块高地，在这片高地上有几个大而深的结构，尤其是拉瓦锡、冯·布劳恩和杰勒德环形山。它们很难被正确地研究，因为它们距离月球边缘是如此之近，以致被透视效应严重缩短。如果他们距离月球边缘更远一些，那么它们就会非常显眼。

露湾底部似乎没有任何"幽灵坑"或被填充的陨石坑。然而，在极好的天平动时期，仍然值得去看看那些距离月球边缘非常近的环形山。

杰勒德

露湾　　　　夏普

吕姆克山

哈丁　　　　迈兰

冯·布劳恩

拉瓦锡

露湾地区拥有几个环形山和独特的吕姆克山。

柏拉图环形山

文：帕特里克·摩尔

类型：环形山	
大小：109 千米	
年龄：38 亿年	
位置：北纬 51.6 度，西经 9.3 度	
推荐工具：口径 152.4 毫米（6 英寸）天文望远镜	

柏拉图环形山位于雨海和冷海之间的阿尔卑斯地区，是最完美的月球环形山之一。由于距离中央子午线不到 10 度，所以在每一个月相周期中它的位置都很好：它在上弦月之后很快就会出现。柏拉图环形山几乎是完美的圆形，虽然透视效应使它看起来是椭圆的。它的底部是铁灰色的，与格里马尔迪相比拟，其是月球上最黑暗的地方。当格里马尔迪也出现在视野中时，比较它们是非常有趣的。格里马尔迪通常是两者中较暗的那个——但并非一直如此。

在最早的月球图之一——约翰内斯·希维鲁斯所绘，柏拉图环形山被称为"大黑湖"，并且很容易理解为什么早期的月球图绘制者

在哪里找到它

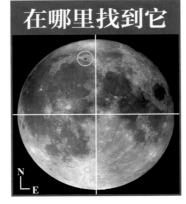

认为它一定充满了水。其深色的底部和规则的形状使得使用双筒望远镜就很容易能识别出它（人们常常忘记双筒望远镜也可以显示出惊人数量的月球细节）。只要阳光明媚，你就可以毫不费力地找到它。

柏拉图环形山以古希腊伟大的哲学家的名字命名，它被认为大约有 38 亿年的历史，比雨海还要年轻。其南部有一个巨大的"幽灵坑"，位于柏拉图和皮科山之间；而西边是著名的 19 千米深的环形山，原名柏拉图 A，但现在（根据我的建议）被正式以

第四任皇家天文学家布利斯的名字命名。

柏拉图环形山相当低矮的壁垒包括几座至少海拔 2 千米的山峰，当太阳较低时，它们会在环形山底部投下长长的阴影。其底部本身没有中央山峰的痕迹，也没有大型的陨石坑，但是有各种各样的、在能见度方面令人费解的小陨石坑。我持续观测柏拉图超过 60 年，发现在某些情况下记录为"显而易见"的一些陨石坑在另一些情况下会被忽略。记得 1952 年我在巴黎默东天文台，在一个非常好的天气条件下使用了 838.2 毫米（33 英寸）的折射望远镜观测月球，月球的所有细节都很清晰，但柏拉图的底部却是空白的。然而在第二天晚上我再次观测，在类似的条件下，一些常见的陨石坑出现了。

还有一些偶尔"含糊"的情况，我和其他人都发现，当柏拉图和格里马尔迪都在视野范围内时，柏拉图偶尔会显得更黑暗。毫无疑问，这些明显变化中的大多数都是由于光照角度的变化引起的，但它们确实是耐人寻味的。

1954 年，经验丰富的观测者桑顿，使用了一台 203.2 毫米（8 英寸）的反射望远镜，记录下了环形山内部明显的闪光。有人认为这是陨石撞击造成的，但是后来没有任何迹象表明此处出现了新的东西，目前仍旧没有找到关于那次闪光的解释。

撇开有趣的矛盾不说，在我看来，柏拉图是月球上最吸引人的展品之一。在未来，当月球旅行变得司空见惯时，它无疑将成为一个旅游景点。然而，站在火山口附近的游客不会有被封闭的感觉；因为柏拉图是一个非常浅的飞碟形状，其壁垒当然不会很陡，位于中央的观测者根本不会看到它们——它们将远远低于它所在的地平线。

柏拉图环形山是黑暗且易于找到的，但是它的火山口似乎会时隐时现。

直列山脉

文：帕特里克·摩尔

类型：山区

大小：长 90 千米，最高海拔 1.8 千米

年龄：32 亿~38.5 亿年

位置：北纬 48 度，西经 20 度

推荐工具：101.6 毫米（4 英寸）天文望远镜

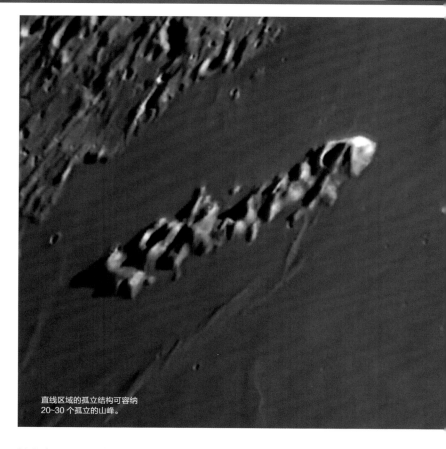

直线区域的孤立结构可容纳 20~30 个孤立的山峰。

这个不平凡的小山脉与月球上其他的任何东西都不同。因为它的形状，维多利亚时代著名的月球学家波特将它命名为"直线区域"，并且我们今天仍然在使用这个名字，尽管官方名单中使用的是拉丁形式：直列山脉。

无论在何种照明下，它都很容易被找到，它就位于雨海的北部边缘，在柏拉图环形山和拉普拉斯环形山中间的位置，因此在一个月相周期中上弦月之后的大部分时间里它均可见。它由一条直线排列的山峰组成——它确实是直线，因此很突出。在月海内部的一段距离内都没有其他山峰在它的附近。

虽然其长度约 90 千米，其宽度却不超过 20 千米。其间有20~30 个明显的单峰，其中最高海拔不超过 1800 米，最亮的山峰位于西端。

一台非常小的望远镜就能够很好地展示这个不寻常的特征，而且人们几乎可以理解为什么一些早期的观测者认为它可能是一个人工结构！它周围的月海区域相对平坦，在它和海岸之间只有一个小尺寸的陨石坑；引人注目的 20 千米大的勒维耶环形山位于其南部。

当我在月球表面遇到任何线性的东西时，我倾向于寻找相关性的东西时，我倾向于寻找相关的"鬼环"。因此，在云海著名的直壁（不是一堵墙，它是一条长 110 千米的断层）显然与一个被熔岩覆盖的古老环相关联。我曾花了很长时间寻找对直列山脉具有重要意义的东西，但我没能找到。最后我得出结论，它一定是一个非常古老的圆环的一部分，它的壁——或者它们的残余——可能与亚平宁山脉和高加索山脉所定义的更大的结构是同心的。

随后，我发现美国行星科学家比尔·哈特曼在更早的时候也提出了同样的意见。这部分月球的历史不太容易解释，但我们可以肯定，其形成的主要因素是产生雨海的灾难性的撞击。

这个地区非常值得拍摄。直列山脉北部的平坦地形与雨海和北部冷海之间的崎岖地形形成了鲜明的对比；你还可以找到柏拉图，丛生的特内里费山脉和拉普拉斯岬。在下一次月相周期前准备好你的相机，等到上弦月刚过，并祈祷有一个晴天。

在哪里找到它

N
E

比安基尼

拉普帕斯岬

虹湾

E

雨海

赫利孔

赫拉克利德海角

▲ 彩虹之湾从雨海倾斜而下，直到比海面低 61 米处。

虹湾

文：帕特里克·摩尔

类型：月湾
大小：236 千米
年龄：未知
位置：北纬 44 度，西经 32 度
推荐工具：口径 101.6~152.4 毫米（4~6 英寸）天文望远镜

月球最可爱的特征之一必然就是虹湾或称彩虹之湾，它连接着辽阔的雨海，在 1651 年它由著名的月球观测者乔瓦尼·里奇奥里在他绘制的月球图中指出并命名。当然，在那些日子里，人们普遍认为黑暗的地方实际上是海洋，月球很可能是一个适合生命生存的世界。

虹湾被称为海湾，但它实际上是一个环形山，它朝向海的环壁实际上已经被摧毁，那里只能追踪到少数非常低的、断开连接的片段。在其他的地方，多山的"墙壁"是连续的，并且相当高，尽管最外侧的边缘被突出的比安基尼环形山打断了一小段距离。其连续剖面由两个海岬界定，分别是赫拉克利德海角和拉普拉斯岬。

虹湾的底部从雨海开始向下倾斜，所以在远离的一侧比月海平面低大约 61 米。在月球上的任何其他地方都没有这样的情况，但事件的顺序似乎相当简单。我们以月海的名字命名它所形成时的月球时期，雨海纪大约结束于 30 亿年前，所以雨海形成比大轰炸期更晚。虹湾撞击发生在巨大的熔岩泛滥之前，这是其向海墙被淹没的原因。

我曾说过虹湾是月球最可爱的地方之一。如果你在正确的时间捕捉到它，它就是这样的。当太阳从它表面升起的时候，山区的边界首先被照亮，山峰的顶部捕捉到阳光而其底部仍旧处于黑暗中。其结果就是，峭壁似乎突破了晨昏线之外，给人以它完全脱离了月球主题的印象。月球观测者称之为"宝石手柄"。

这种情况在每个月相周期中发生一次，远在满月之前，但是它不会持续很长时间，并且当阳光慢慢蔓延到较低的底部时，"宝石手柄"效应会消失。随着太阳高度的增加，跟踪其变化是非常有趣的；即使是使用小望远镜也能够很好地展示它们。其底部非常平滑，只有一个相当明显的环形山 E。

虹湾无论何时在阳光照射下都能够被辨认出来；值得注意的是，在北面的雨海上有两个明显的环形山，赫利孔（宽 25 千米）和勒维耶（宽 20 千米）。除了在日出时，该地区看起来很普通，但在即将到来的月相周期中，请你确保不要忘记观测"宝石手柄"。

在哪里找到它

N
E

阿基米德环形山

文：帕特里克·摩尔

类型：环形山
大小：83 千米
年龄：31 亿~38.5 亿年
位置：北纬29.7 度，西经4 度
推荐工具：101.6~152.4 毫米（4~6 英寸）天文望远镜

阿基米德环形山是雨海上最大的结构，它在上弦月后不久就会进入人们的视野，在阳光照射下很容易被识别。1609 年，托马斯·哈利奥特绘制的月球图上清楚地显示了这一点，这远在伽利略首次使用望远镜观测宇宙之前。它是月海中3 个突出构造中的较大者，另外两个是阿里斯基尔和奥拓吕克斯，你不可能不被它们打动。

阿基米德环形山被乔瓦尼·里希奥利以希腊伟大的科学家的名字命名。这个环形山（"有环壁的平原"是一个对它更好的描述）属于我们所知的雨海纪，即从31 亿到38.5 亿年前，它当然是一个撞击结构。它的峭壁是连续的，仅仅上升到高出外部地面适当的高度，但高出下沉地面2 千米。它的底部本身充满了古老的熔岩，没有任何显著的特征，像在月海边缘的阿尔卑斯山脉中的柏拉图一样，它也没有任何中央峰存在的痕迹；但与柏拉图不同的是，它的底部是浅色而不是深灰色的。它的外壁是阶梯状的，形状几乎是完美的圆形，尽管从地球上看由于透视效应被压扁为椭圆。

当我第一次看到从轨道航天器上拍摄的它的照片时，它的规则性给我留下了深刻的印象。利用亚利桑那州弗拉格斯塔夫的洛厄尔折射望远镜，我仔细搜寻了它内部的细节，但除了微弱的条纹和一些浅坑之外，我什么也没找到。这一定是月球上最平坦的地区之一。而3 个结构组的其他成员都较小，其中阿里斯基尔有一个奇妙的三峰中央结构。

在阿基米德环形山的北面，在标志性的施皮茨贝尔根山脉之外，月海非常平滑。阿基米德和奥托吕科斯之间的区域被称为眉月湾，包含有两个不同的小环形山：C 直径8 千米，D 直径5 千米。1959 年9 月14 日，苏联的"月球2 号"航天器降落在这里，因为航天器着陆后坠毁并没有发回任何信号，因而我们并不确定其确切的撞击点，但这仍然是一个引人注目的成就，苏联人当然可以宣称自己"第一次登陆月球"，也许有一天我们会找到它的残骸。十多年后的1971 年7 月30 日，阿波罗15 号宇航员在阿基米德东南200 千米的亚平宁山脉山麓着陆。

就在阿基米德东南的腐沼，坐落着11 千米长的卫星环形山斯珀尔，它几乎被淹没了；虽然它的北半部仅仅是勉强可追溯，但它的南半部明显突出。它起初被称为阿基米德K，之后为纪念约西亚·爱德华·斯珀尔而命名，他是一位美国地质学家，曾撰写有一本经典著作支持月球陨石坑为火山的理论。我是这个理论的坚定拥护者，直到反对它的证据变得势不可挡！班克洛夫特原名阿基米德A，是一个位于西南呈碗状13 千米大的环形山。

这里整个地区是月球上最上镜的地区之一，我保证你会对拍摄一张包括阿基米德三重奏和亚平宁山脉南端的图像而感到非常满意的。

在哪里找到它

N
E

▼ 除了几个小坑，阿基米德环形山的底部非常平滑。

雨海
阿基米德
班克洛夫特
腐沼
斯珀尔

腐沼

文：皮特·劳伦斯

类型：沼泽
大小：160×70 千米
年龄：32 亿~39 亿年
位置：北纬 27.0 度，西经 0.0 度
推荐工具：101.6 毫米（4 英寸）
天文望远镜

尽管月球上水很稀缺，但有很多特征的名字暗含着另一种含义：月海或者海洋。此外，还有一些较小的"水"的特征，例如前缀为湾、湖和沼泽之类的术语。

从地球上可以看到 3 个月球沼泽，它们标志着在主要的月海边缘发现的不规则的封闭熔岩区域。尽管它的名字腐沼意味着腐烂的沼泽，但是它和它周围的区域是一个迷人的地方。它位于巨大的雨海盆地东南边缘的亚平宁山脉边缘。找到它位置的最佳方法是首先确定雨海底部最大的环形山——85 千米的阿基米德环形山。从阿基米德环形山到弯曲的亚平宁山脉最近部分画一条线，一直延伸到东南方向。沼泽沿着这条线呈现为一个黑暗的熔岩区域，大致呈矩形，它的宽度略小于阿基米德的直径。

腐沼是一个平坦的熔岩区，覆盖有微小的火山口，在它的南角有一个名为腐 1 的火山穹顶，其直径 7 千米，估计高达 90 米，你需要一台 304.8 毫米（12 英寸）的望远镜来发现它；最佳的尝试观测时间是晨昏圈在附近且倾斜照明时。

腐沼的东南"边缘"非常有趣，因为山脉的折线形成了一个熔岩的附属区域。在狭窄的、18千米宽、60 千米长的附属区域内，有一个 6 千米的环形山，叫作哈德利 C 环形山，仅使用口径101.6 毫米（4 英寸）的望远镜即可看到它。一台口径 203.2 毫米（8 英寸）的望远镜能够显示出一条名为哈德利溪的月溪蜿蜒绕过环形山。高耸于月溪东部的是哈德利山，是亚平宁山脉中高达 4.6 千米的一员。

从腐沼的西南边缘延伸出各种各样的月溪，导致出现了一个非官方地被称为亚平宁台地结构的区域。该地区富含 KREEP：这是钾（化学符号 K）、稀土元素（REE）和磷（P）的首字母缩写。KREEP 在月球上很罕见，据说它们可能是由于火山活动而从雨海深处上升出来的。

一个类似的区域位于腐沼的东角上方。由于菲涅耳溪是一条穿过它的地堑，因此用 203.2 毫米（8 英寸）或者更大的望远镜进行观测是非常有趣的。地堑是月表断层裂缝下降形成的线性区域。

雨海　　　　　　阿里斯基尔

阿基米德

奥托吕科斯

菲涅耳溪

腐沼

哈德利溪

哈德利 C　　哈德利山

腐沼是微妙特征的家园，也是更多相似特征的线索。

在哪里找到它

N
E

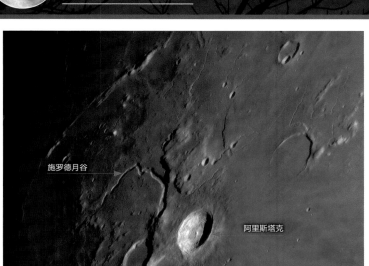

施罗德月谷

阿里斯塔克

希罗多德

▲ 阿里斯塔克环形山是月球上最年轻的环形山之一，估计年龄为 4.5 亿年。

阿里斯塔克环形山

文：帕特里克·摩尔

类型：环形山	
大小：40 千米	
年龄：4.5 亿年	
位置：北纬 23.7 度，西经 47.4 度	
推荐工具：101.6 毫米（4 英寸）天文望远镜	

到目前为止，阿里斯塔克是月球上最亮的环形山，在阳光照射下无论何时你总能看到它。当月球被地球照亮时它也会出现，许多天文学家都把它误认为是正在喷发的火山；甚至威廉·赫歇尔爵士也陷入了这个陷阱。它位于风暴洋中，但绝不是孤立的；阿里斯塔克靠近大小相似的希罗多德环形山，但它没有阿里斯塔克明亮。

为什么阿里斯塔克会这么明亮呢？就是因为它年轻，形成于月球演化的后期。因此它是整个月球表面最年轻的环形山之一。

它的结构良好，有阶梯状峭壁和中央高峰。据说它的年龄为 4.5 亿年，以月球的标准来看，它是非常年轻的。

它在月面上的位置意味着它可以在每个月相周期大部分时间中被看到，每夜描绘或者拍摄它，注意它随着太阳照射变化而引起的明显变化是非常有趣的。其相邻的希罗多德环形山也非常成熟，但是没有明显的中央峰。在这一地区，还有最长的蜿蜒的月谷，以纪念德国天文学家约翰·施罗德而命名，这在某种程度上具有误导性，因为以施罗

德的名字命名的环形山在月球上距离这里很远的完全不同的其他地方。来自萨摩斯的希腊天文学家阿里斯塔克是第一位主张地球绕太阳旋转并绕自转轴旋转的人，而希罗多德则是希腊历史学家。

施罗德月谷位于希罗多德以北 25 千米处，给人一种干涸河床的感觉。从直径 6 千米的环形山开始，山谷扩大到近 10 千米，形成了一些观测者昵称为"眼镜蛇头"的形状。从此处它逐渐缩小到 55 米宽，最后终止于一个 1 千米高的上升区域的边缘堤岸上。在良好的观测条件下，一台强大的望远镜将会在月谷底部显示出细细的溪流。月谷总长 160 千米，最大深度 1 千米，在月球上没有什么东西像它一样。

在阿里斯塔克环形山上及附近发现了许多月球瞬变现象，值得密切关注。环形山中发现的现象包括周期性地遮挡和云状特征，这些特征都不会持续很长时间。这些从未被拍摄过，它们的存在也从未被证实过。

在哪里找到它

N
E

月球亚平宁山脉

文：帕特里克·摩尔

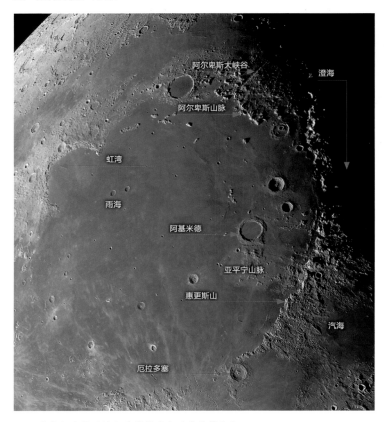

▲ 亚平宁山脉壮观的山峰是月球上必看的景点之一。

类型：山脉
大小：600 千米长
年龄：32 亿 ~38.5 亿年
位置：北纬 18.9 度，西经 3.7 度
推荐工具：101.6~152.4 毫米（4~6 英寸）天文望远镜

月球亚平宁山脉可能不是月球上最高的山峰，但它肯定是最壮观的。这个山区是由约翰·赫维留以我们地球上的亚平宁山脉的名字命名的——这也是赫维留所命名的、在后期乔瓦尼·里乔利修订中幸存下来的少数名字之一。它形成于雨海的东南边界，雨海是常规月海中最大和最显著

的，并且在每个月相周期中都占据着主导地位。

月球亚平宁山脉并没有在雨海周围形成连续的边界，但可能曾经有过，在我们称之为"雨海盆地"的地方到处都可追溯；产生它的巨大撞击在整个月球都形成了深远的影响。在靠近月球上最壮观、保存最完好的环形山之一厄拉多塞的地方，它沿着雨海的边缘延伸，将雨海与较小的、底部颜色较深的汽海分离开。在上弦月时，山峰在平原上投射出长长的、尖锐的阴影，尤其引人注目。亚平宁山脉的最高峰惠更

斯山海拔高达 6.1 千米。

在北部，雨海以阿尔卑斯山脉为界，阿尔卑斯山脉并不与亚平宁山脉相连；两个山脉间有一个间隙，使得雨海的底部与临近的澄海底部相连接——二者在高度和年龄上都有差异。月球阿尔卑斯山脉并不等同于亚平宁山脉，但它们同样具有特殊的吸引力，因为它们包含有月球上其他地方没有的特征。特别值得注意的是巨大的阿尔卑斯大峡谷，是一条穿过山脉的巨大裂缝。

最后，但绝不是最不重要的，是虹湾。它必定曾是月海边缘的主要环形山，但是向海墙已经被淹没，现在几乎无法追踪，所以给我们留下了一个大海湾。你可以看到太阳从其上升起，显然，太阳的光线首先照射到远处的山峰，而海湾本身则处于黑暗之中。这通常被称为"宝石手柄"，当然每个月相周期会出现一次。

这个月海除了主要的 3 个环形山之外，并没有很多大型陨石坑，其中最大的是 80 千米的阿基米德环形山。整个月球上最著名的景色莫过于雨海了，人们可以想象出很久以前那颗巨大的流星坠落的情景！

喀尔巴阡山脉

文：皮特·劳伦斯

类型：山脉
大小：300 千米长，100 千米宽
年龄：32 亿~39 亿年
位置：北纬 14.6 度，西经 23.7 度
推荐工具：101.6 毫米（4 英寸）
天文望远镜

巨大的雨海盆地占据了月球朝向地球一侧的西北象限，它的直径约为 1000 千米，其边缘拥有明显的特征。喀尔巴阡山脉就是其中之一，它位于雨海的南岸，就在射线状哥白尼环形山的西北。

哥白尼位于该区域东端以南 100 千米处，距离非常接近，以至于喀尔巴阡山脉就位于环形山形成时喷射出来的抛射物内部。

通过一个低倍率目镜，月海东部和东南的边界被亚平宁山脉明确界定，亚平宁山脉位于 60 千米宽的厄拉多塞环形山的北部。一些小山峰散落在环形山西北方向，而后被光滑的熔岩所取代。这片平滑的地面向西延伸了大约 90 千米，在到达喀尔巴阡山脉之前被一些小火山链断开了。

喀尔巴阡山脉轮廓分明，但是被雨海熔岩严重侵蚀。在那些流入山峰间隙的地方，完美勾勒出了山脉的轮廓。在该山脉的东段，第一个主要山峰位于年轻的环形山盖·吕萨克（27 千米宽）的北部。环形山拥有平坦的底部，似乎已经陷入了下面较老的山脉中。盖·吕萨克 A（14 千米）位于稍南的位置。

向西移动时，它的范围开始变大，巨大的山峰耸立在雨海北部平坦的熔岩层之上，看起来像是被凿成了尖锐的点。在南部，由于年轻哥白尼的残骸，地形更加混乱。喀尔巴阡山脉最厚、最崎岖的部分位于西面，终止于 T 梅耶环形山（34 千米）附近。

与任何月球山脉一样，当太阳在月球天空较低的位置，并且在晨昏圈附近时，观测条件最佳。在这种情况下，山脉高耸的山峰高出雨海盆地底部 2.4 千米，投下了壮观的阴影，此时，T 梅耶、T 梅耶 A（16 千米）和 T 梅耶 P（35 千米）都是显而易见的。尽管破碎的边界和熔岩淹没了底部，但当阳光从东方或者西方斜射时，位于 T 梅耶南部的 T 梅耶 P 仍旧活灵活现。

位于 T 梅耶 P 以南 125 千米处是一个小而清晰的米利奇乌斯环形山（13 千米）。往西南 60 千米处看，你会发现米利奇乌斯 A。当照明适合喀尔巴阡山脉时，也是在该地区寻找火山穹顶的最佳时机。米利奇乌斯 π 位于米利奇乌斯和米利奇乌斯 A 连线中点的西北方向，而霍腾休斯环形山（15 千米）以北是霍腾休斯 Ω 穹顶区域，包含至少 6 个穹顶。

在哪里找到它

▼ 喀尔巴阡山脉坐落在雨海的南岸，靠近明亮的射线状哥白尼环形山。

雨海
T 梅耶 A
喀尔巴阡山脉
盖·吕萨克
厄拉多塞
T 梅耶
盖·吕萨克 A
哥白尼
霍腾休斯 Ω
霍腾休斯

厄拉多塞环形山

文：帕特里克·摩尔

> 类型：环形山
> 大小：58 千米
> 年龄：32 亿年
> 位置：北纬 14.5 度，西经 11.3 度
> 推荐工具：口径 101.6 毫米（4 英寸）天文望远镜

厄拉多塞环形山是月球上最完美的环形山之一，它是圆形的，非常深，有明亮的阶梯峭壁。它以古希腊天文学家厄拉多塞的名字命名，厄拉多塞开展了重要的数学工作，其中最令人难忘的是他对地球周长进行了精确测量。

厄拉多塞环形山位于亚平宁山脉南端，亚平宁是月球上最引人注目的山脉，其北面是雨海，南面是浪湾。环形山外缘的形状几乎是完美的圆形和美丽的阶梯状，还拥有外部的喷射壁垒，且中央山峰群非常复杂。

在晨昏圈附近，厄拉多塞环形山的任何地方都是壮丽的景象，但在满月时分它却难以捉摸，

因为它被相对较近的哥白尼的射线系统所淹没，并且没有自己的射线系统。以月球标准来看，它是年轻的，其形成于 32 亿年前，标志着爱拉托逊纪的开始。

在它的底部没有明显的陨石坑，但有一些黑色的斑块，使用小型望远镜就能很容易看到。1919 年至 1924 年间，美国天文学家威廉·亨利·皮克林对这些斑块进行了研究，得出了一些意想不到的结论。他相信有成片的低矮植存在，但又发现厄拉多塞的斑块在四处移动。"虽然这种有关月球生命的想法听起来有些异想天开……但这是基于对普里比洛夫群岛毛皮海豹迁移的类比。其所涉及的距离约为 32 千米，并且在 12 天内完成。平均速度约为每分钟 1.85 米……这意味着小型动物。"

在不到一个世纪以前，美国最著名的天文学家之一居然能够写出这样的文章，现在看来这似乎很奇怪！然而，厄拉多塞环形

山的斑块似乎确实是会随着光照角度的改变而改变，如果你跟随它们完成一个完整的月相周期，你就会明白我的意思。

也许厄拉多塞环形山在日出时分是最美的，那时亚平宁山脉已经出现在视野中。然后厄拉多塞缓慢而庄严地步入；起初，除了中央山峰群的顶端什么都没有，但是随着阴影向后蔓延，整个底部都会被阳光照射；再到晚些时候，厄拉多塞的全部荣耀才会被来自哥白尼的光芒所掩盖。哥白尼是大约 10 亿年前形成的一个较年轻的环形山——此时爱拉托逊纪结束而哥白尼纪开始。

厄拉多塞周围的区域很平坦，只有几个小环形山，但其中有一个值得注意的特征。位于厄拉多塞西南、哥白尼以东的史塔杜斯，是月球上最著名的"幽灵"之一。它与厄拉多塞大小相当，曾经必定是一个非常壮观的环形山，但它已经被熔岩所淹没，其轮廓现在几乎无法追踪，只有少数几个山丘高出月海表面。

在相当高的照射条件下，比较厄拉多塞和哥白尼是非常有趣的。哥白尼是两者中的较大者，并且有射线系统，但在除此之外的其他方面二者非常相似。

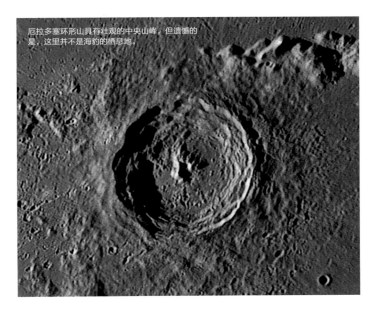

厄拉多塞环形山具有壮观的中央山峰，但遗憾的是，这里并不是海豹的栖息地。

在哪里找到它

N
E

▲ "月亮之王"哥白尼是一个可爱的环形山，可以观测到它有许多的中央峰。

哥白尼环形山

文：帕特里克·摩尔

类型：环形山
大小：90千米
年龄：小于10亿年
位置：北纬9.7度，西经20度
推荐工具：101.6毫米（4英寸）天文望远镜

哥白尼环形山是月球上最重要和最引人注目的环形山之一，位于风暴洋中心稍偏西北侧。无论何时在阳光照射下，它都很容易被识别，并且它是两个主要射线中心中其中一个的核心。另一个是位于南部高地的第谷环形山。在高亮度条件下，第谷和哥白尼的射线都会占据主导地位，使得其他特征难以定位。

哥白尼环形山是以伟大的波兰学者的名字命名的，他证明了地球不是宇宙的中心，地球是绕太阳旋转的。月球上主要的环形山是于1651年由耶稣学会天文学家乔瓦尼·里乔利命名的，他也绘制了第一张真正有用的望远镜观测月球图。他自然而然地将自己和自己学生格里马尔迪的名字用于显著特征的命名，但他不是哥白尼的支持者，并继续相信古老的托勒密地心说，即静止不动的地球。因此，为了表达他的蔑视，他"把哥白尼扔进了风暴洋"。他的策略失败了，他选择的环形山非常壮观，通常被称为"月亮之王"。

因为哥白尼环形山距离月面中心不远，所以它并没有受透视效应的影响，而是在每一个月相周期中大部分时间内均可见。它直径90千米，具有高耸的、美丽的阶梯峭壁。中心无单一中央峰，但在底部中央附近有几座山峰和一组山丘，其他地方都相当平坦，没有被熔岩所淹没。观测日出或日落掠过环形山和周围地区的过程是非常迷人的，整个景观在短时间内会发生戏剧性的变化。

周围的射线至少延伸了805千米，并且重叠了来自其他环形山的射线，尤其是开普勒环形山，所以它们必然更年轻。哥白尼产生在晚期重轰炸后，可能还不到

N
E

10亿年。这些射线与第谷射线不同，第谷射线是长的、线性的、有规律的排列，而哥白尼射线系统则不那么规则，给人以与环形山相切的感觉。这里还有小型次级环形山，该区域是丘陵地带。

哥白尼非常明亮，因为在月球的时间尺度上，它是如此的年轻，它没有因为太阳风或者微陨石轰炸的影响而变暗。这些射线系统是表面沉积物，并且直到太阳远远超过它们的地平线时才会出现。

在哥白尼的东北部，距离亚平宁山脉的尽头不远处，有一个直径58千米的厄拉多塞环形山，它非常像一个略小版本的哥白尼，除了没有射线系统之外。在厄拉多塞的西南方向，我们发现了史塔杜斯环形山，它必定曾是一个巨大的阵列，但已被熔岩所淹没，沦为幽灵状态。它的峭壁在合适的光照条件下是可以追踪到的，但是没有任何一处可以上升到十数米的高度。

1966年，当刚刚开始使用航天器来绘制月球地图时，在美国国家航空航天局（NASA）的月球轨道飞行器2获取的图像中我们看到了哥白尼环形山的斜视图。它广受赞誉，别称为"世纪画卷"，当今它仍旧值得一看，也很容易理解为什么这个环形山配得上它的称号——月亮之王。

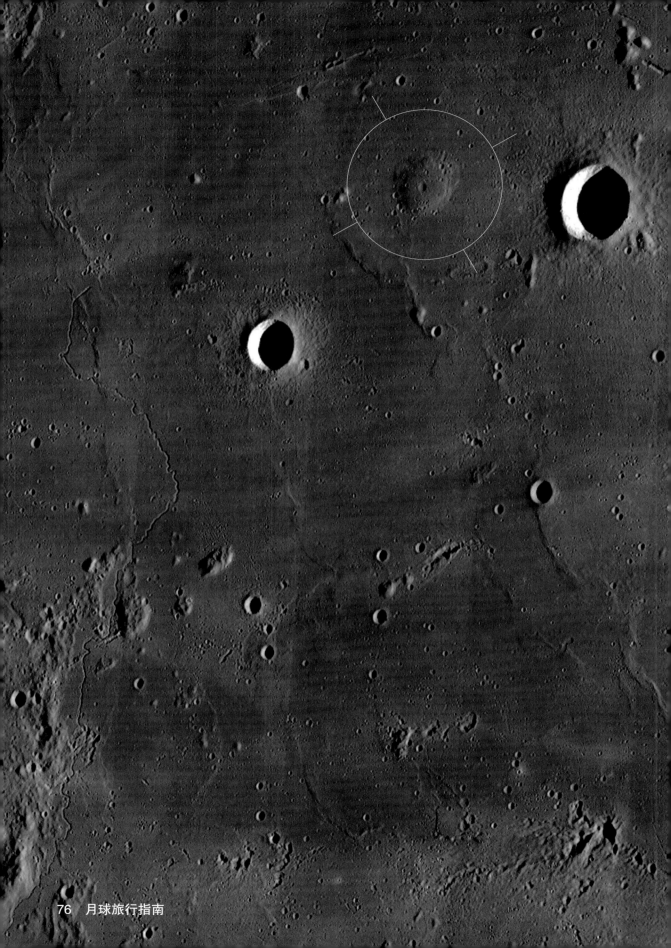

探索月球穹顶

追踪月球表面的这些神秘特征，一瞥月球过去的火山活动。

文：皮特·劳伦斯

在下次练习使用望远镜观测月球时，看看你能否发现一个月球穹顶。这些盾状火山直径为 2 千米 ~25 千米，只有几百米高。看到它们可能是一个挑战；照明需要恰到好处，才能从侧面凸显出它们细微的凸起。

据说月球穹顶是在月球火山活动的后期阶段形成的。从月海裂缝中涌出的熔岩抚平了许多裂缝。随着熔岩冷却、流速下降、熔岩结晶导致了物质在流动的喷口周围堆积，其结果就是我们今天看到的穹顶，顶部的凹陷代表了现在的不活跃火山口。请继续往下阅读，你会看到一些最美的月球穹顶。

环形山可能更容易被发现，但是观测月球穹顶同样有趣。

❶ 霍腾休斯穹顶区域 ▷

大小：6~10 千米

最佳观测时间：上弦月后 3 天或下弦月后 2 天

观测望远镜最小口径：101.6 毫米（4 英寸）

霍腾休斯穹顶区域包含 6 个大目标，它位于 90 千米宽的哥白尼环形山和 32 千米宽的开普勒环形山连线的中点以南。哥白尼环形山与 15 千米的霍腾休斯环形山以及哥白尼西南部 49 千米宽的莱茵霍尔德环形山形成了一个直角三角形。莱茵霍尔德环形山位于直角上。

霍腾休斯环形山并不难识别，它是定位其北方穹顶区域的关键。霍腾休斯穹顶非常难以捕捉，需要倾斜的光照才能被恰好看到。它们与霍腾休斯 Ω 排成 3 对儿，位于霍腾休斯环形山的北部，最易于发现。其中，4 个穹顶一个有中央火山口，一个有两个火山口，最后一个没有火山口。这些火山口都很小，直径约 1 千米 ~1.5 千米。你需要一台 254 毫米（10 英寸）的望远镜、非常好的观测条件和 200 倍以上的放大倍率才能看到它们。

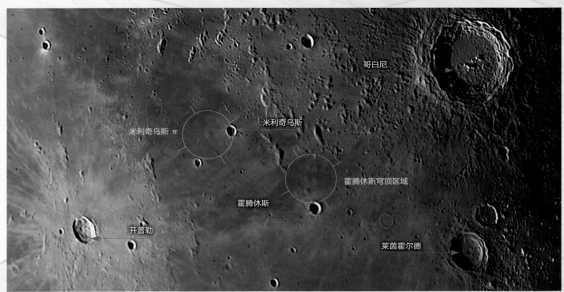

哥白尼

米利奇乌斯 π

米利奇乌斯

霍腾休斯穹顶区域

霍腾休斯

开普勒

莱茵霍尔德

◁ ❷ 米利奇乌斯 π

大小：10 千米

最佳观测时间：上弦月后 3 天或下弦月后 2 天

观测望远镜最小口径：101.6 毫米（4 英寸）

从霍腾休斯环形山向北穿过霍腾休斯穹顶区域，你将会抵达一个山脉地形。慢慢向上移动抵达山区的西部边缘，找到 14 千米宽的米利奇乌斯环形山。在环形山的西边，是一个令人印象深刻的 10 千米穹顶，被称为"米利奇乌斯 π"。

它大约高 230 米，与大多数穹顶一样，这个月球特征在外观上非常细小，但由于相对贫瘠的周围区域，在倾斜照明下它确实很突出。在良好的观测条件下，你可以使用 254 毫米（10 英寸）或者更大的望远镜观测穹顶内 1 千米的中心火山口。月球穹顶没有正式的命名惯例，国际天文联合会取消了包括米利奇乌斯 π 在内的许多使用希腊字母的命名，但也没有提供任何替代名称。

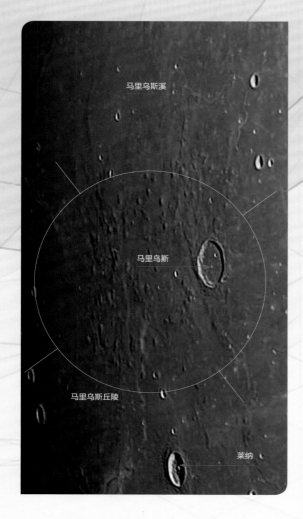

马里乌斯溪

马里乌斯

马里乌斯丘陵

莱纳

穹顶定位

◁ ③ 马里乌斯丘陵

大小：整个区域接近 170 千米 × 170 千米大，典型穹顶大小为 5 千米～15 千米

最佳观测时间：上弦月后 5 天或下弦月后 4 天

观测望远镜最小口径：101.6 毫米（4 英寸）

马里乌斯丘陵是一个巨大的月球"凸起"，靠近风暴洋中直径 43 千米的马里乌斯环形山。它具有火山特征，其密度是月球上任何一个单独区域中最高的。

与所有的穹顶一样，这些 200~500 米高的特征在低照度下最容易被看到，其与风暴洋周围光滑的表面形成了鲜明的对比。被称为莱纳 γ 的明亮反照率地貌的北端穿过了马里乌斯丘陵。

▽ ④ 柯西穹顶

大小：12 千米

最佳观测时间：新月后 5 天或满月后 4 天

观测望远镜最小口径：101.6 毫米（4 英寸）

这个 14 千米宽的柯西环形山位于静海的东部地区，周围环绕着迷人的月球地质景观。环形山北部有一条月溪或者裂缝，南部有一条令人印象深刻的 120 千米长的断裂带，称为柯西峭壁。该地区还包括许多微小的穹顶，在月球日出或者日落时分更容易看到。这些穹顶中最突出的两个是 τ 和 ω。我们可以通过较大的仪器看到 ω 有一个明确的中心火山口。

柯西

τ

ω

⑤ 阿尔戈穹顶

大小：20 千米～24 千米

最佳观测时间：新月后 5 天或满月后 4 天

观测望远镜最小口径：50.8 毫米（2 英寸）

宽 27 千米的阿尔戈环形山位于静海的西部。尽管它的尺寸很小，但环形山内部充满了细节，包括一个阶梯状边缘和一个延伸到边缘处的山脊状中央山。

它附近有两个大穹顶。阿尔戈 α 横跨 24 千米，高度约 300 米。如果光线倾斜它容易被看到，同时倾斜光线也会强调穹顶是块状的而非通常光滑的形态。阿尔戈 β 位于阿尔戈环形山以西，直径 20 千米，与阿尔戈 α 有着相似的凹凸不平的外观。

阿尔戈 β

阿尔戈 α

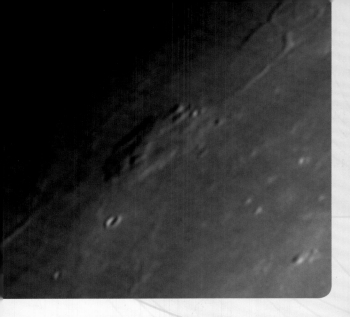

◁ ❻ 吕姆克山

大小：70 千米

最佳观测时间：上弦月后 5 天或下弦月后 4 天

观测望远镜最小口径：101.6 毫米（4 英寸）

吕姆克山就像一个巨大的覆盆子，刺穿了风暴洋的西北部。它是一个圆形的土丘，直径 70 千米，高 900 米，但是由于透视效应，它看起来像是椭圆形的。它覆盖了大约 30 个月球穹顶，使这个结构的整体高度抬升到 1100 米。

这个巨大的穹顶群在月球上是独一无二的，作为一个整体代表了月球表面最大的穹顶相关特征。该区域的高分辨率图像显示出一些穹顶顶部可见一些微小的火山口。

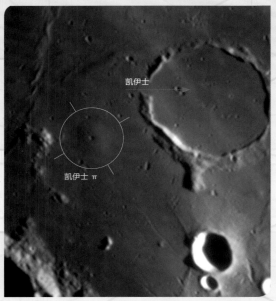

凯伊士

凯伊士 π

❼ 卡普纳斯穹顶

大小：6 千米 ~10 千米

最佳观测时间：上弦月后 3 天或下弦月后 2 天

观测望远镜最小口径：101.6 毫米（4 英寸）

卡普纳斯是一个 61 千米宽的环形山，位于疫沼（疾病沼泽）的南岸。对于穹顶猎人来说，卡普纳斯环形山是天赐之物，因为与卡普纳斯相关的 3 个主要穹顶都位于其边缘内。这应该会使它们易于定位，但也面临着一个平衡，因为最好的观测时间是低照度下，但此时环形山峭壁阴影会掩盖这些穹顶。如果你试图在环形山边缘阴影最短时发现它们，那么光线的高入射角度意味着这些穹顶几乎会从视野中消失。此处共有 6 个穹顶，其他 3 个不太易于被发现，它们的大小范围为 6 千米 ~10 千米。

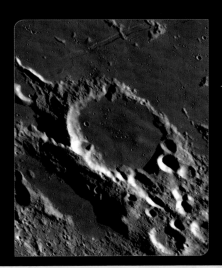

△ ❽ 凯伊士 π

大小：10 千米

最佳观测时间：上弦月后 2 天或下弦月后 1 天

观测望远镜最小口径：101.6 毫米（4 英寸）

46 千米宽的凯伊士环形山位于云海（云之海）的西部，环形山本身相对容易辨认，因为它看起来像一把带有手柄的梳妆镜。

在凯伊士环形山的西部有两个独特的直径 49 千米的环形山：卡普纳斯和墨卡托。一个令人印象深刻的穹顶名为凯伊士 π，它位于凯伊士和卡普纳斯中心连线的 1/3 处。

这是一个经典的月球穹顶，直径约 10 千米，高约 150 米。与它的直径相比，它并不高，因此，正如许多这类特征一样，你是在寻找月球表面的细微膨胀。穹顶在高照度下几乎不可见，但当接近晨昏圈时，它会显得很突出。有一个 2 千米的火山口位于穹顶中央。

⑨ 兰斯伯格 D 穹顶

大小：15 千米

最佳观测时间：上弦月后 2 天或下弦月后 1 天

观测望远镜最小口径：101.6 毫米（4 英寸）

从哥白尼画一条线，经过莱茵霍尔德至西南方向，最终会达到 41 千米宽的兰斯伯格环形山。保持前进路线，你将能够到达被淹没的 20 千米宽的兰斯伯格 C 环形山。朝西南方向经过 65 千米的短距离，将会带你抵达明亮的、10 千米宽的兰斯伯格 D 环形山。在低照度下，可以在兰斯伯格 D 东南约 25 千米处看到两个大范围重叠的穹顶。在倾斜照明下，能够在附近看到无数由上升的熔岩形成的褶皱脊，为现场增添了戏剧性的效果。

穹顶定位

兰斯伯格 D

麦润

虹湾

10 格鲁苏申 γ 山

大小：20 千米

最佳观测时间：上弦月后 3 天或下弦月后 2 天

观测望远镜最小口径：50.8 毫米（2 英寸）

容易识别的虹湾（彩虹之湾）是定位这些穹顶的关键。海湾南部明亮的高地区域，其尽头是两个独特的土岗，名为格鲁苏申 γ 和 δ 山。第三个岗被称为 ζ，其也可以在另外两个土岗南部找到。

γ 是最靠西和最突出的土岗，它横跨 20 千米，高达 900 米。它的外观为它赢得了一个不太讨喜但非常贴切的绰号"倒置的浴缸"。由于透视效应它看起来很短，有点像拥有圆角的直线形，其顶部有一个 2 千米宽的火山口。17 千米宽的格鲁苏申环形山位于格鲁苏申 γ 山以南 110 千米处。

γ

δ

ζ

格鲁苏申

西南象限

洛里马尔迪环形山　　　84

弗拉·毛罗　　　85

欢几里得环形山　　　86

毛勒密环形山　　　87

加桑狄环形山　　　88

直壁　　　89

汤比特环形山　　　90

显海　　　91

支塔图斯环形山　　　92

德斯兰德　　　93

弟谷环形山　　　94

克拉维于斯环形山　　　95

在西南象限，你会发现月球上最引人注目的环形山，一堵既不笔直也不是墙壁的直壁，以及一大群希腊哲学家们。

月表观测：
西南象限

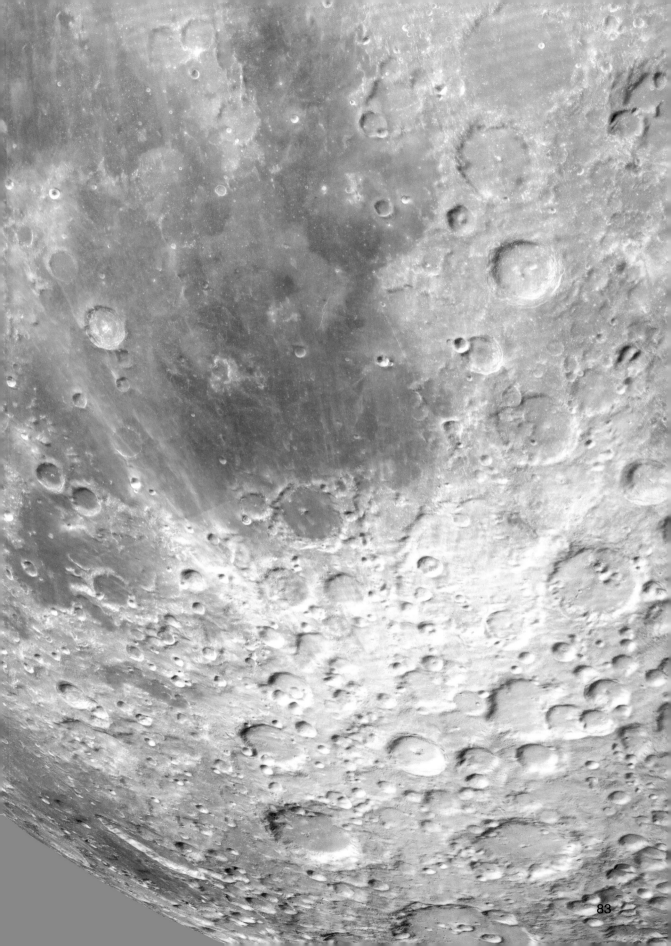

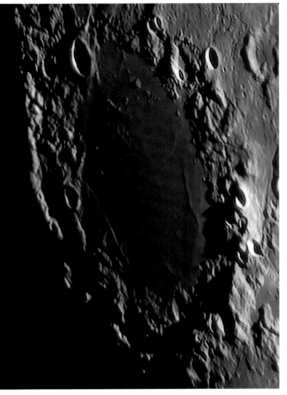

类型：	环形山
大小：	222 千米
年龄：	39 亿年
位置：	南纬 5.2 度，西经 68.6 度
推荐工具：	101.6~152.4 毫米（4~6 英寸）天文望远镜

◀ 格里马尔迪环形山的底部可能是月球朝向地球一面最暗的地方。

格里马尔迪环形山

文：帕特里克·摩尔

格里马尔迪环形山是最易于识别的月球地貌之一，它距离月球西部边缘不远，在满月前不久就会进入视野，并且是新月前最后消失的特征之一。它大部分的底部都太黑暗了，无论何时阳光照射到都是如此，因此通常被认为是整个月球上最黑暗的地方。

它出现在所有的早期月球图上，包括第一个使用望远镜观测月亮的观测者托马斯·哈里奥特的月球图。哈里奥特比伽利略早了几个月进行了他的第一次观测，并制作了一张明显优于伽利略的月球图。直到 1999 年，我才找到了一个它的副本并将其发表在 BAA 杂志第 73 卷上，它也出现在了我的书中。现代月球特征命名体系始于乔瓦尼·里乔利 1651 年的月球图；毫不奇怪地，他以自己和自己的学生弗朗西斯科·格里马尔迪的名字命名了两个突出的特征。然而，他确信地球是太阳系的中心，这也解释了为什么伽利略仅仅代表了一个小环形山。

虽然格里马尔迪通常被列为环形山，但它其实是一个复杂的结构。如果它远离月球边缘，它很可能被称为小型月海，或者至少是一个盆地，尤其是当轨道航天器在它下面找到了一个"质量密集区"时。质量密集区是质量浓度的缩写，是一个大于平均密度的地下区域，类似于雨海和澄海的常规月海都有清晰的质量密集区。格里马尔迪非常古老，属于前酒海纪，所以它的年龄不会少于 39 亿年。其内部峭壁长约 140 千米，受损严重，已经沦为不规则的山丘、山脊和山峰，不过有些地方山峰至少上升到 2 千米高。峭壁之内是黑暗的盆地区域，相对来说没有什么特色。在盆地之外是散落的外围峭壁残留物，但其封闭起来的区域仍然要比周围表面暗得多。

格里马尔迪是大风暴洋靠近月球边缘一侧的各种地质结构中最大的一个。其他成员是里乔利、希维尔和卡瓦勒里斯。里乔利与格里马尔迪同属一种类型，只是个头更小一些；它的底部区域几乎与格里马尔迪同样暗，而希维尔有一个凸起的底部和一个中等高度的中央峰。希维尔内部和附近有月溪和月溪系统。

在格里马尔迪也曾观测到月球瞬变现象，虽然还没有明确证实这些报告是前后一致和令人信服的。它们中的大多数都是以局部昏暗的形式出现的，光谱观测也发现了偶尔的气体发射，因此该区域非常值得监测。

格里马尔迪在每个月相周期中的大部分时间均是可见的，但必须考虑天平动条件。那些更接近月球边缘的环形山，例如施吕特和哈特维希，都被透视效应严重缩短以至于很难研究。

在哪里找到它

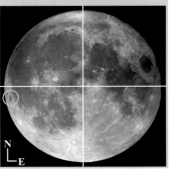

弗拉·毛罗

文：帕特里克·摩尔

▼ 弗拉·毛罗的峭壁已经残破不堪，它只是作为一个"幽灵"逃脱了分类。

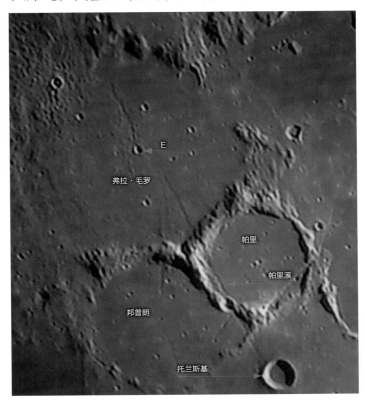

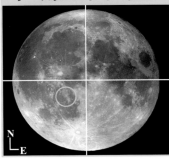

在哪里找到它

弗拉·毛罗是云海中3个古老的、有环壁的平原中最大的一个，在现代月球图上毗邻名为知海的区域，这个小组的其他成员是邦普朗和帕里。它是以威尼斯地理学家弗拉·毛罗的名字命名的。

它的位置意味着它在每个月相周期中的大部分时间里都是被阳光普照的，尽管它的峭壁已经残破不堪，但很容易辨认。它必定曾是一个宏伟的结构，但是现在它只是脱离了分类而被归入"幽灵"。在其东南方向，峭壁的最高高度不超过70米，而在其他地方，其边缘只是由低而不规则的矮脊构成。

弗拉·毛罗的底部被熔岩淹没，与相邻的地面处于同一高度。底部有几个小火山口，其中之一是靠近中心的弗拉·毛罗E，但是没有明显的山丘。一个突出的月溪从北墙向南延伸，而后分叉，因此它实际上延伸到达了邦普朗和帕里的内部。

邦普朗是该三结构小组的南部成员，横跨97千米，北面与弗拉·毛罗相连，东面与帕里相接。它受到的破坏比弗拉·毛罗要小，但是它的峭壁海拔不高，并且底部也已经被熔岩淹没。其有几个内部

类型：有环壁的高地
大小：95 千米
年龄：39.2 亿~45.5 亿年
位置：南纬 6.0 度，西经 17.0 度
推荐工具：口径 101.6~152.4 毫米（4~6英寸）天文望远镜

环形山，连同月溪从南至北穿过边缘，直至延伸到弗拉·毛罗。7千米宽的邦普朗E环形山位于知海西侧，为纪念荷兰天文学家杰拉德·柯伊伯而被重新命名为柯伊伯，其是太阳系研究先驱。

该小组的第三个成员是48千米的帕里环形山，它与弗拉·毛罗和邦普朗相连。它被熔岩淹没的底部是平的，只有几个小坑洞（试试看你能找到几个）。帕里的南部是一个小环形山，以前被

称为帕里A，但后来以我的老朋友，阿波罗计划的首席研究员萨姆·托兰斯基的名字命名为托兰斯基。它几乎有1千米深，底部比弗拉·毛罗三结构组更暗。

1964年，NASA的"游骑兵"7号航天器从邦普朗的西南方向降落，传回了4000多幅图像，而后阿波罗13号计划前往弗拉·毛罗地区。1971年2月，阿波罗14号宇航员艾伦·谢波德和埃德加·米切尔在此安全着落，进行了9个小时的月球漫步，并采集了样本带回地球。他们是第一次也是唯一一次使用了模块化设备车"卡特"覆盖3.4千米的区域。弗拉·毛罗结构组是非常值得观测研究的，尤其是在太阳升起或降落的时候。

欧几里得环形山

文：帕特里克·摩尔

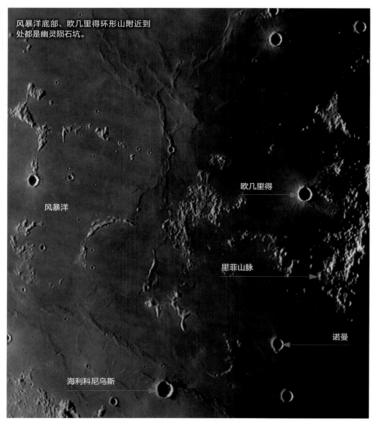

风暴洋底部、欧几里得环形山附近到处都是幽灵陨石坑。

欧几里得

风暴洋

里菲山脉

诺曼

海利科尼乌斯

N
E

欧几里得环形山非常小，仅有 12 千米宽，但被喷射物的条纹所包围，使得在高太阳光照条件下，它成为月球上最明亮的物体之一。像许多其他的撞击坑一样，它呈碗状，有一个规则的圆形边缘，这表明按照月球标准它是非常年轻的，可能形成于哥白尼纪。它以伟大的希腊几何学家欧几里得的名字命名。

其官方标称深度为 1.3 千米，但可能被略微低估了（根据我的视觉阴影方法，我将其定为 1.5 千米）。除了周围的浅色物质，它是一个完全正常的小环形山。欧几里得位于里菲山脉以西 30 千米

类型：	环形山
大小：	12 千米
年龄：	小于 11 亿年
位置：	南纬 7.4 度，西经 29.5 度
推荐工具：	152.4 毫米（6 英寸）天文望远镜

处，很容易找到，因为它非常"独立"，靠近它的地方没有其他的环形山或火山口。我曾试图寻找过其中央峰，但是未能找到，如果它存在的话（我对此表示怀疑），它可能只是一个低矮的小山丘。

里菲山脉短而低矮，乌拉尔山位于其北面，最高峰不超过 1 千米，它们不像亚平宁那样连成

山脉区域。

其南面是 10.3 千米宽的诺曼环形山，以 16 世纪发现地球磁场倾角的英国水手罗伯特·诺曼的名字命名。诺曼与欧几里得相似，但不够明亮。另一个大小相同的环形山被以一位著名的医学专家埃平格的名字命名，但后来人们发现，埃平格是一名狂热的纳粹分子，他曾在德国集中营中对囚犯进行过不人道的实验。因此他被匆忙地从月球上移走，环形山又回归了欧几里得 D 的命名。

风暴洋东南部有丰富的低矮山丘，许多都是丘陵和山脊。虽然缺乏大型结构，但整个区域非常值得观测，尤其是在低太阳照射角时。15 千米宽的海利科尼乌斯环形山与著名的伽桑狄环形山之间还有一条蜿蜒的狭长月溪，它相当地难以捕捉，但很值得一探究竟。可以跨越整个区域寻找被熔岩淹没的"幽灵环形山"——这里有很多。

风暴洋本身就是月球上最大的海洋，但即便如此，它也小于我们的地中海。它不像雨海或者澄海那样占据了一个轮廓清晰的盆地，给人一种溢出的印象。尽管它肯定与古代结构有关，但这些结构现在已经完全埋藏在了其边缘痕迹之外。因此，何不去寻找这些"幽灵"呢？

阿摩尼阿斯

托勒密

阿方索

阿尔扎赫尔

托勒密是一个独特的环形山链中最北端的成员。

托勒密环形山

文：帕特里克·摩尔

类型：环形山
大小：153 千米
年龄：小于 39.2 亿年
位置：南纬 9.2 度，西经 1.8 度
推荐工具：101.6 毫米（4 英寸）天文望远镜

托勒密是月球上最著名的环形山之一，它是以克劳狄斯·托勒密的名字命名的。托勒密是古希腊可考的最后一位最伟大的天文学家。1651 年乔瓦尼·里乔利命名了这个环形山，它出现在了所有的早期月球图中，并且由威廉姆·比尔和约翰·海因里希·范·马德勒在 1838 年详细描绘。

托勒密位于月面中心附近，因此可以在一个月相周期中的大部分时间内看到，尤其是在上弦月和下弦月前后的几天里。它的大尺度和灰色的底部使其很容易被找到，尽管其在高照度下并不容易被发现。环形山的形状大致呈圆形，但其壁垒较低且不规则；其西北边缘的最高峰 N，海拔达 2.9 千米。环形山底部被熔岩所淹没，没有中央峰，托勒密显然是古老的，可以追溯至大轰炸时代。

这种构造通常被称为是"有环壁的平原"，其底部仅有的主要特征是拥有低矮边缘、呈碗状、直径 9 千米的阿摩尼阿斯环形山（以前称之为托勒密 A），位于托勒密中心东北约 10 千米处，使用任何望远镜都能很容易看到，它差不多有 2 千米深。

在低照射角下，托勒密是非常壮丽的，其边缘高峰投射出阴影。当太阳升高后，可以看到一些小陨石坑，以及几个"幽灵陨石坑"——古老的构造被熔岩淹没，现在几乎无法追寻。托勒密 B 即是这些"幽灵"中的一个，直径 17 千米，位于阿摩尼阿斯以北。

托勒密是 3 个大结构组成的结构链中的北部成员。中央成员阿方索环形山底部有一个低矮的中央峰和一个月溪系统。南部成员阿尔扎赫尔则有更高的壁垒且形状更加规则，拥有一个突出的中央峰。阿尔扎赫尔是三者中最小的，也可能是最年轻的。阿方索区域报告有月球瞬变现象，但是托勒密和阿尔扎赫尔区域没有。

尽管托勒密的底部平滑，壁垒低矮，但它并不是早期载人登月球基地的最佳选择，因为它靠近月球赤道，这里的极端温度变化远不理想。然而，在未来，似乎没有理由不在那里建立基地。有趣的是，若从环形山中心附近的地面上看，你甚至都不能看到外部壁垒的最高山峰，它们远远低于你的地平线；但是从那里看，我们的地球将会高高地出现在天空中，看起来将会非常壮观。

在下一次晴朗的夜里，包括托勒密在内的环形山链被阳光照射时，寻找这些巨大的环壁平原是非常值得的。当底部被部分遮挡时，双筒望远镜就能够清晰地显示它们；甚至是太阳高高升起，底部几乎没有阴影时，使用任何望远镜你也能够找到它们。毫无疑问，拥有破碎的壁垒、光滑的底部和内部幽灵陨石坑，托勒密是月球上最引人入胜的环形山之一。

在哪里找到它

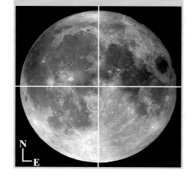

N
E

伽桑狄环形山

文：帕特里克·摩尔

类型：环形山	
大小：114 千米	
年龄：大约 40 亿年	
位置：南纬 17.5 度，西经 39.9 度	
推荐工具：152.4 毫米（6 英寸）天文望远镜	

伽桑狄非常容易识别，而且特别有趣。它以法国天文学家皮埃尔·伽桑狄的名字命名，伽桑狄常与伽利略通信并且是哥白尼理论的坚定支持者，他也是第一位观测水星凌日的人。

伽桑狄环形山位于湿海北部边缘，因此在满月之前就会进入视野，直到下弦月之后仍然可见。它在任何光照条件下都是可见的，并且是月球摄影师最喜欢的一个目标。它在月海形成期间被淹没，尽管其壁垒显示出侵蚀的痕迹，但除了与34千米宽的伽桑狄 A 毗邻的一小段外，它仍旧是完整的。它的年龄肯定在40亿年左右。

其轮廓是圆形的，并且远离月球边缘，因此没有明显的透视效应。其底部覆盖着凝固的熔岩，有几个明显的山峰分布在中央附近，而非一个明确定义的中央山脉，其中最高峰大约海拔1.2千米。

即使是一台小望远镜也能够显示出整个内部的小山丘和崎岖不平的区域，以及底部南部一个与外缘同心的山脊。壁垒本身并不是特别高或陡峭的，但有几座山峰高出底部最深处约1.6千米的高度。

伽桑狄内部最明显的特征是月溪系统。它们在底部纵横交错，当观测条件适宜时很容易看到。很少有其他环形山具有如此复杂的月溪系统。

在伽桑狄及其附近有很多关于月球瞬变现象的报道，尽管它们很小，也不常发生，但现在人们普遍认为它们确实存在，特别是在富含月溪的区域（例如阿里斯塔克和阿方索环形山）。1966年4月30日，伽桑狄区域发生的一次事件是由几个观测站在不同的地点观测到的；我使用口径381毫米（15英寸）的反射望远镜记录，它呈现为一条从内壁延伸到接近底部中央的楔形红橙色条纹。寻找月球瞬变现象非常诱人，但成功是偶然的，你必须要非常小心地球大气带来的影响，人们非常容易被其欺骗。

伽桑狄周围有一些卫星环形山，但仅有 A 和 B 直径超过16千米。在一些月球图中，伽桑狄的名字是"克拉克森"，以英国业余天文爱好者罗兰·LT·克拉克森的名字命名，但其并不在国际天文学联合会的官方名单中。其南部仅有几个小环形山。

可以说，伽桑狄是月球上最有吸引力的环形山之一，非常值得关注。随着太阳照射角度的变化，其形貌发生了惊人的变化，连续几晚拍摄照片将会非常有价值。

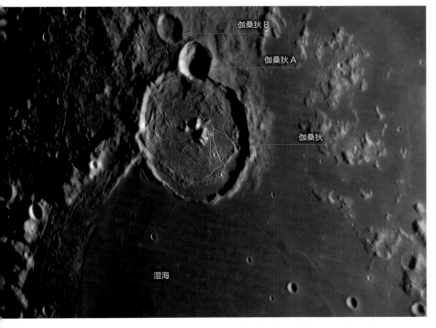

伽桑狄 B
伽桑狄 A
伽桑狄
湿海

▲ 伽桑狄拥有一组中央峰，是一个值得反复观测的引人注目的环形山。

在哪里找到它

N
E

直壁

文：皮特·劳伦斯

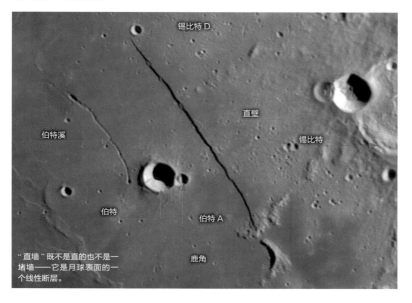

锡比特 D

直壁

伯特溪

锡比特

伯特

伯特 A

鹿角

"直墙"既不是直的也不是一堵墙——它是月球表面的一个线性断层。

类型	线性断层
大小	长 110 千米，宽 2~3 千米
年龄	32 亿~39 亿年
位置	南纬 20.0 度，西经 7.7 度
推荐工具	口径 76.3 毫米（3 英寸）天文望远镜

直壁，也被称为"直墙"，是一个最奇特的线性特征。其大致位于月球表面垂直的中心线上。当照明适宜时，我们很容易使用小望远镜看到它，在这里，照明确实是非常重要。

在太阳位于合适的高度角时，直壁变得非常明显。在上弦月的第二天，升起来的太阳使它在西边投下了一个黑暗的阴影，给人以它必然是一个高大悬崖的印象。随着月亮进入下弦月阶段，太阳光从另外一侧照亮了直壁，使其看起来非常明亮。

造成这种差异的原因是，

直壁根本不是墙或者悬崖——它是一个斜坡。当上弦月第二天，太阳的光线从东方照射过来时，较高的东侧和较低西侧间的高度差足以形成阴影并吞没斜坡——因此出现了黑暗的"线性"的外观。在下弦月时，傍晚的太阳光线从西边照射进来，恰好落在了斜坡上，所以它不再是阴影而是被照亮了。

令人惊讶的是，从地球上看似如此壮观的斜坡实际上是相当和缓的，倾角估计在 10 度左右，上升到 0.3 千米海拔。直壁是所谓的线性断层的一个例子，其西

侧表面相对于东侧表面下降了。尽管它被认为是直的，但是用大型望远镜观测会显示出断层存在扭结。

直壁从西北偏北到东南偏南方向跨越了大约 110 千米，穿过了一个未命名的破损环形山。它起始于 5 千米宽的锡比特 D 环形山附近，最后在南部的群山中结束。这条山脉的一部分包含了一种奇特的新月形特征，有时也被称为"鹿角"。如果想象力良好，这也可以看成一柄弯刀的手柄，直壁代表刀片。

你可以在云海东部边缘找到它，在 60 千米宽的锡比特环形山以西 94 千米处。紧靠断层西边的是 17 千米宽的伯特环形山，西北方向不远处是伯特溪，看清它们比直壁要困难得多，需要 304.8 毫米（12 英寸）或更大的望远镜。

在哪里找到它

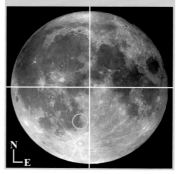

N
E

锡比特环形山

文：帕特里克·摩尔

类型：环形山
大小：60 千米
年龄：超过 30 亿年
位置：南纬 22 度，西经 4 度
推荐工具：203.2 毫米（8 英寸）天文望远镜

锡比特环形山位于云海东南海岸的山区中，它以阿拉伯天文学家锡比特·伊本·昆拉的名字命名，因将托勒密的伟大著作《天文学大成》翻译成阿拉伯语而广为人知。锡比特环形山直径只有 60 千米，但很容易找到。

它靠近环壁平原阿尔扎切尔和普尔巴赫，当月亮超过半个圆面时均可见。它形状相当圆，深度超过 3.2 千米，壁垒呈阶梯状。它几乎可以肯定是在前雨纪形成的，所以它的年龄已经超过 30 亿年了，其底部粗糙，但没有中央峰。

其西侧壁垒被形状完好、碗状的锡比特 A 环形山所打破，而锡比特 A 本身也被 9.6 千米的锡比特 L 打破了——一个明显的三重奏，遵循"较小的打破形成更大"的常规，尽管在这种情况下，锡比特 L 的外壁几乎与锡比特 A 的外壁重叠。值得注意的是，锡比特 L 有一个中央峰，观测它通常被认为是对小型望远镜的测试，虽然我发现在良好的观测条件下，我的口径 76.3 毫米（3 英寸）折射望远镜就已经足够了。

锡比特是月球上最著名的特色景观之一直壁的最佳指南，直臂的名字并不恰当，因为它并不是完全笔直的，而且也不是一堵墙。西边的月海表面比东部低近 300 米，所以所谓的"墙"只不过是 110 千米长的巨大断层。直臂被昵称为"铁路"，在 17 世纪，天文学家克里斯蒂安·惠更斯写

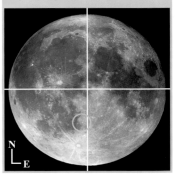

N
E

道，它就像一把剑。它起始于被称为鹿角的山丘中，结束于北方的一个小环形山。要找到它，低倍放大率就足够了，找到了锡比特之后向西看。

在直壁的另一边是直径 18 千米的伯特环形山，它的壁垒也被一个较小的环形山所打断。缺乏经验的观测者会将伯特和锡比特混为一谈，但伯特集团中没有第三名成员，而且外侧有一条著名的月溪。在你研究这片区域的过程中，你会发现随着月相周期观测它是非常有趣的。

锡比特在上弦月后很快会出现，接着是直壁，它显示为一条暗线，因为它在西边的低地上投下了阴影。随着满月接近，直壁变得难以辨别，而锡比特和伯特都相当深且永不会完全消失，鹿角山脉也可以被追踪。而后直壁重新出现，这次是一条明亮的线，而不是一个陡峭的悬崖，因为阳光照射在它的倾斜面上。最后到下弦月阶段，夜幕降临，锡比特是第一个陷入黑暗的景观，而后是直壁，最后是伯特。

同样还要注意，周围又一些"鬼环"，其中一个被称为"古锡比特"。沿着云海的海岸还有很多细节，但最重要的是直壁，其肯定会成为未来的重要旅游景点。

锡比特 A

锡比特 L

锡比特

直壁

伯特

鹿角山脉

锡比特环形山周围拥有众多特色景观，包括直壁。

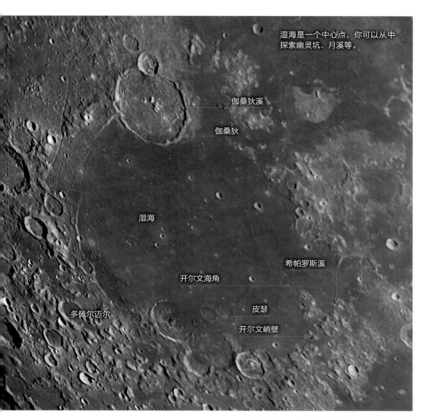

湿海是一个中心点，你可以从中探索幽灵坑、月溪等。

伽桑狄溪

伽桑狄

湿海

希帕罗斯溪

开尔文海角

多佩尔迈尔

皮瑟

开尔文峭壁

湿海

文：皮特·劳伦斯

类型：月海
大小：390 千米
年龄：38.5 亿～39.2 亿年
位置：南纬 24 度，西经 39 度
推荐工具：76.3 毫米（3 英寸）天文望远镜

湿海，或称潮湿海洋，是一个圆形的特征，从地球上看时，由于透视效应它缩短为椭圆形。乍看之下海面显得相当规则，但仔细观测后会慢慢显露出来更多的细节。

例如，在倾斜照明下，月海的东部有一组同心的纹脊，与海岸平行。此类月海的形成过程起始于一个巨大的撞击而使月球地壳破裂。而后岩浆从下面的裂缝中涌出，撞击形成的凹陷中充满了熔岩。熔岩冷却时会弯曲，形成盆地边缘呈同心状的低矮山脊。在高照射角度下，山脊很难被发现，但当光线从侧面照射时，它们抬升的高度会使其投射出阴影。

月海岸边，穿过东南部纹脊的是一系列被称为希帕罗斯溪的月溪。这些月溪之间是一个孤岛，它周围环绕着熔岩平原，即开尔文海角。它的东南侧是被称为开尔文峭壁的山脉，以威廉·汤普森·开尔文爵士的名字命名，是另一个似乎与湿海海岸平行的特征。

月海的底部到处都是小陨石坑，其中最大的直径约 10 千米，最突出的环形山坐落在月海的北部和南部海岸。在南岸，66 千米宽的多佩尔迈尔环形山似乎沉入了月海熔岩中。多佩尔迈尔环形山的南半部边缘和它的中央山峰都很清晰，然而其北部边缘消失在了月海熔岩之下。多佩尔迈尔东部是 26 千米的皮瑟环形山，这个环形山缺少像其邻居那样的宏伟中央峰，其底部完全被湿海的熔岩所淹没。然而，皮瑟环形山的整个边缘都在月海的底部地面之上，形成了一个被称为"幽灵坑"的特征。

湿海北岸以 114 千米宽的伽桑狄环形山为标记，在它的边缘是被称为伽桑狄溪的裂缝网络、各种山丘和一座双峰山。在西岸，一片山脉蜿蜒在伽桑狄的南部和西部，在它和月海底部之间有一个由粗糙材料筑成的"海滩"，海滩尽头就是平滑的月海。海滩两侧有一个陡坡或悬崖，它在伽桑狄边缘附近可见，而后消失了约 110 千米，然后重新出现并几乎一直延伸到多佩尔迈尔。

在哪里找到它

N
E

皮塔图斯环形山

文：皮特·劳伦斯

类型：环形山
大小：98 千米
年龄：38.5 亿～39.2 亿年
位置：南纬 29.9 度，西经 13.5 度
推荐工具：101.6 毫米（4 英寸）
天文望远镜

▲ 仔细观测皮塔图斯的边缘，你会发现在它的内部大部分区域蜿蜒着一个奇特的月溪。

皮塔图斯环形山是云海南端的一个古老而突出的地貌，它看起来几乎是大海的延伸。在许多情况下，大型、高壁的环形山靠近熔岩盆地的边缘，盆地熔岩突破了壁垒，重新铺设了环形山底部的地面。以皮塔图斯为例，人们相信熔岩是从环形山内部涌上来的。

皮塔图斯 3/4 的八角形边缘被向北侵蚀，其平滑的底部有一座中央小山。山脉北部有一片崎岖不平的丘陵地带，但地面其余部分相对平坦，仅有几个小陨石坑和微小穹顶，当晨昏线靠近时可以看到。

在更接近边缘的地方，事情开始变得更有趣起来。一条奇怪的裂缝，或称月溪，与其平行。在天气稳定的情况下使用一台 254 毫米（10 英寸）的望远镜，可以在靠近其北部边缘处发现这条月溪，它沿着环形山的内部轮廓向东，而后向东南方向延伸。在高分辨率图像中，你几乎可以一直跟踪这个裂缝，一条细细的月溪似乎连接了边缘到西南方向的中央山脉。

其西部边缘很奇怪，因为它似乎被挖出来了；这就好像一个巨大的手指沿着它移动，造成了一个凹槽。仔细观测发现，这是一排小陨石坑的痕迹，轨迹完全与边缘的曲线一致。

射线状的第谷环形山位于皮塔图斯南偏东 410 千米处。在满月阶段，明亮的第谷环形山（86 千米宽）和黑暗的皮塔图斯环形

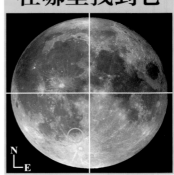

山（98 千米宽）看起来就像是彼此的底片。当太阳高挂在月球的天空时，皮塔图斯的底部看起来很暗，但仔细观测，你应该能够看到来自第谷环形山的明亮喷射物。第谷的年龄大约是皮塔图斯的 1/3。

皮塔图斯在西边与赫西奥德（43 千米）环形山相接。它们通过边缘处的一个缝隙相连接。赫西奥德中心有一个 5 千米长的小陨石坑，名为赫西奥德 D。然而，真正值得探讨的是赫西奥德 A（15 千米），它靠近母环形山的南壁，其底部包含有两个同心环。

位于皮塔图斯中心以北 73 千米处是一个名为皮塔图斯 S 的极好的马蹄形环形山。在这里，一个完美的圆形环形山被湿海熔岩所淹没。然而，并非整个环形山都消失了——仍然可以看到一个精致的半圆形环形山壁垒。

虽然皮塔图斯非常古老，但在它的南部有两个更古老的环形山，分别是果里卡斯（80 千米）和乌泽尔鲍尔（88 千米）。果里卡斯有一个光滑的圆形横截面边缘，围绕着一个平坦的环形山底部；乌泽尔鲍尔看起来非常古老，它的边缘轮廓模糊而且参差不齐，其底部古老并且风化严重——与它的邻居对比非常粗糙。

德斯兰德

文：皮特·劳伦斯

类型：环壁平原
大小：240 千米
年龄：39.2 亿~45.5 亿年
位置：南纬 32.5 度，西经 5.2 度
推荐工具：101.6 毫米（4 英寸）天文望远镜

在哪里找到它

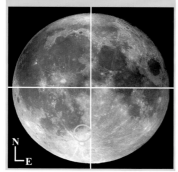

N
E

德斯兰德是一个环壁平原——一个广阔的、被一个严重侵蚀的火山口边缘模糊轮廓包围着的月球表面。它位于著名的直壁南部，闻名遐迩的第谷环形山东北 250 千米处。

熔岩淹没的德斯兰德地面被一些有趣的地貌所覆盖，最突出的是靠近西部边界的 34 千米宽的赫尔环形山。德斯兰德曾以赫尔平原的名字命名，这本身就是对这个环形山突出位置的认可。它是以 18 世纪匈牙利天文学家马克西米利安·赫尔的名字命名的，其陡峭的壁垒环绕着一座偏移的中央峰。

坐落于德斯兰德地区的大多数环形山和陨石坑的命名都与赫尔相关。北面是 22 千米的赫尔 B，它很有趣，因为它仅仅是一个边缘，除了西南角的一个小坑洞，赫尔 B 的底部非常平坦，与德斯兰德地面相协调。

同样值得注意的是，位于赫尔东南方的一个未命名环形山，尺寸与赫尔相似或稍大。这是一个幽灵陨石坑，在直射照明下很难被看到，但在晨昏线附近并且倾斜照明时可见。在德斯兰德内部有几个破碎的、被淹没的幽灵陨石坑的例子。该地区东部是一个令人印象深刻的有 5 个成员的小环形山链，其中包括 5 千米宽的赫尔 H。在南方的一对主环形山之间还有一个很小的第六陨石坑。

德斯兰德的东部边缘毗邻 145 千米宽的沃尔特环形山，相当畸形的 36 千米宽的沃尔特 W 环形山坐落在沃尔特环形山以西

的德斯兰德边界内。向南是 65 千米宽的莱克塞尔，其北缘似乎在德斯兰德的熔岩层之下。莱克塞尔的西南边缘有许多小火山口，其底部也是错综复杂的，有团块、隆起和更多的小火山口。在莱克塞尔和赫尔之间，坐落有 10 千米宽的赫尔 E 和 14 千米宽的赫尔 C，其规模沿 22 千米宽的赫尔 A 向西南方向继续延伸。

对平原上的主要环形山成像不会是什么很大的挑战，但是对小环形山（最大仅 2 千米宽）成像将会非常困难。德斯兰德的西南边缘也很难界定，其标志是 43 千米宽巴尔环形山的阶梯状峭壁和醒目的中央山脉。巴尔环形山的西北方向是 29 千米宽的巴尔 A。

找到德斯兰德的一个简单方法就是从更加明显的直壁向南行进。

伯特　直壁　锡比特　云海　普尔巴赫　赫尔 B　沃尔特 W　赫尔　德斯兰德　赫尔 A　赫尔 C　沃尔特　巴尔　赫尔 E　莱克塞尔

通过双筒望远镜可以清楚地看到第谷环形山，它位于一个令人惊叹的明亮的射线系统的中心。

第谷环形山

文：帕特里克·摩尔

类型：环形山
大小：86 千米
年龄：稍早于 1 亿年
位置：南纬 43.3 度，西经 11.2 度
推荐工具：101.6 毫米（4 英寸）天文望远镜

在每个月相周期的部分时间里，第谷环形山可能是月球上最引人注目的特征。它以丹麦天文学家第谷·布拉赫的名字命名，其是在发明望远镜之前时代最优秀的观测者，他对火星运动的测量使约翰内斯·开普勒得以证明行星轨道为椭圆形而非圆形。

第谷环形山有一堵高而连续的峭壁和一个突出的中央山峰，但它的独特之处在于其无与伦比的明亮射线系统，从环形山向四面八方延伸，覆盖面积超过 55 万平方千米，并包含有密集的小型次级环形山群。日出时分，第谷看上去就像一个普通环形山，其底部处于阴影中，阳光直射中央峰，景色十分壮观。但不久之

后，射线系统进入视野，接近满月时它们占据了整个视场，覆盖了它们所穿越的所有特征，甚至使大型的环形山变得难以辨认，其最长的射线可以长达 1500 千米。事实上，满月是初学者最不适合观测第谷的时候。

第谷环形山位于南部高地，往往给人一种极地环形山的印象，但实际上它离天平动区域很远，只是被透视效应稍微缩小了一些。第谷的射线系统覆盖在其他特征之上的事实表明，以月球的标准来看其必定非常年轻，可能是所有主要环形山中最年轻的一个。它的年龄通常被认为是 1 亿年多一点儿，但请记住，在形成第谷的撞击发生时，地球上最先进的生命形式是水母等。据推测，产生第谷的撞击者是小行星 198 巴普蒂斯提纳的碎片，甚至还有另外一个碎片在 6500 万年前产生了西克苏鲁伯陨石坑并导致了恐龙的灭绝。这类理论很有趣，但具有很强的推测性！

第谷在一个拥挤的区域，其附近的大环形山有斯特里特、皮

克泰和萨瑟里德斯。然而，由于其明亮的壁垒和规则的形状，它总是很容易被发现。当射线系统进入视野时，他们似乎是从峭壁而不是从中央峰延伸出来的。距离边缘至少 100 千米以外的壁垒比底部更暗，并且没有射线。这种较暗的边缘可能是由撞击过程中脱落的矿物质构成的。

在下一次月相周期时，我强烈建议你通过描绘和拍摄来对第谷进行深入研究。当第一缕阳光照射到它的时候，抓住它，观测中央山峰缓慢出现，而后出现射线，直到满月时分，万物都淹没在明亮的光芒之中。

在哪里找到它

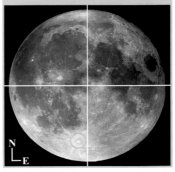

N
E

克拉维于斯环形山

文：帕特里克·摩尔

类型：环形山
大小：225 千米
年龄：38.5 亿 ~39.2 亿年
位置：南纬 58.4 度，西经 14.4 度
推荐工具：101.6 毫米（4 英寸）天文望远镜

克拉维于斯有时候被描述为月球上最大的环形山，虽然这并非事实，但它的确是一个最令人印象深刻的环形山。当在晨昏圈上或非常接近晨昏圈时，它可以被肉眼识别，并且使用一台双筒望远镜即可非常清晰地观测。这毫不奇怪，在所有的早期月球图中均有它的标记。它以克里斯托夫·克拉维于斯的名字命名，其是一名在天文学和数学方面杰出的著名德国科学家。

月球的这一特征有时候被描述为环形山和盆地之间的关联。克拉维于斯的主要壁垒是连续的，但也受到了几个环形山的干扰，包括卢瑟福和波特。它的底部面积比瑞士还大，除了一个由卢瑟福、克拉维于斯 D、C、N 和 J 组成的弧形环形山链外，其余地方是凹陷的且相当平坦。这些环形山是测试小型望远镜分辨率的有用之物，当太阳升起或落下时，克拉维于斯内的最高峰会在底部投下长长的阴影。在主要的环形山形成之后，似乎曾有相当数量的熔岩泛滥。

克拉维于斯是该地区同类型的几个主要环形山中最大的，其他还包括布兰卡纳斯、沙伊纳和隆哥蒙塔努斯。它们本身就很有趣：布兰卡纳斯（位于克拉维于斯以南）和沙伊纳（克拉维于斯以西）大小相似，直径刚刚超过 100 千米，结构也相似，拥有

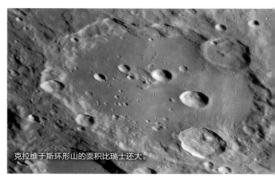
克拉维于斯环形山的面积比瑞士还大。

高而连续的壁垒；隆哥蒙塔努斯（克拉维于斯西北部）宽 145 千米，与克拉维于斯本身有一些相似之处，因为它壁垒也被环形山所打断。

所有这些主要的结构都没有中央山峰，这表明整个这一部分月球区域在形成过程中必定受到了极大的干扰。它们基本上都是圆形的，但由于在月面上的位置使得遭受透视效应而呈现椭圆形。离边缘更近的地方是两个更大的结构，克拉普罗特和卡萨屠斯，它们实际上是相互连接的。

当太阳升起或越过它时，拍摄克拉维于斯周围的区域是非常有趣的，因为当主要的环形山布满阴影时，它们的确令人印象深刻。我在克拉维于斯的主要同伴中寻找过任何中央山峰的痕迹，但没有成功。

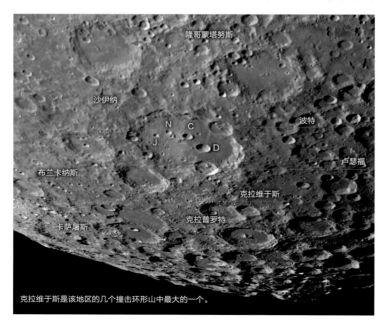
隆哥蒙塔努斯
沙伊纳
N C
J
D
波特
布兰卡纳斯
卢瑟福
克拉维于斯
卡萨屠斯
克拉普罗特
克拉维于斯是该地区的几个撞击环形山中最大的一个。

在哪里找到它

N
E

月球摄影指南

无论你是用一部手机还是一台专业相机，我们都会向你展示如何拍摄你的第一张月球天体照片。

文：威尔·盖特

　　在一个清冽的冬夜，银色的月亮高悬空中，这是一幅永恒的诱人画卷。对于我们当中的摄影师来说，它那平滑的海洋、群山和布满环形山的平原同样具有不可忽视的吸引力。对于那些刚开始从事天文摄影的人来说，月球的亮度和大的表观直径使它成为打开你天文摄影之路的绝佳目标，事实上，如今你只需要一部

智能手机和一台小型望远镜就能拍下我们的卫星壮观、崎岖表面的细节图像。

　　在这里，我们将探讨月球成像的一些基础知识，如可以产生巨大成果的技术和为初学者拍摄理想题材的特征和现象等。我们还将在两个循序渐进的项目中使用关键的天体成像技术，如合成和跟踪目标。

即使是用智能手机的摄像头也能拍摄不错的月球照片。

无焦成像

用智能手机通过望远镜捕捉图像。

如果你拥有一个小型望远镜，那么你可能已经尝试过一种最简单的方法来获取月球图像：无焦成像。这是一个精巧的名字且内涵简单——拿着你的相机放在望远镜的目镜上并拍摄图像。

传统上，傻瓜相机和类似的设备已经被用于无焦成像，并取得了巨大的成功，但现在，在这个配置了摄像头的智能手机时代，只需使用口袋中的手机就可以捕捉到非常细致、清晰的图像。无焦成像的主要挑战之一是使相机与目镜对准，以便使月球保持在视野中。你可以买到特殊的适配器，它能够把智能手机或数码相机固定在合适的位置，使这一切变得更加容易。但如果你要走手持路线，我们建议你首先使用低倍数的目镜。

▲ 你可以购买一个适配器，将智能手机固定在目镜上。

当满月升起时，一步步地捕捉它

使用单反或者智能手机，镜头或小型折射望远镜和静态三脚架拍摄满月升起的图像。

1. 选择你的拍摄地点

一个有趣的前景将使一张有吸引力的月出照片诞生。如果你打算使用长焦镜头，海平面提供了一个戏剧性的场景，尤其是在大气层扭曲和使月面变红的情况下。此外，一个优势位置能够获得很好的深度和距离感。

2. 时机和方向

月亮升起的时间和它的方向也是至关重要的考虑因素。诸如 Stellarium 这样的天文软件，以及诸如 Photographer's Ephemeris 等智能手机应用程序，对于精确规划你所在地的月升时间和方向非常有用。

3. 设置你的设备

在月初之前 10~15 分钟时设置好你的设备，以防你有解决设备问题的需要。如果你在一个新的地点，这也可以让你有时间为拍摄选择最佳视图或前景。你通常只有一个很短的时间窗口可以拍摄到月球位于地平线之上，因此准备工作至关重要。

4. 构图

想想你的镜头构图，你可能已经决定了你的前景，但是你希望如何在照片中包含它呢？拥有平坦的地平线，你可以衬托出月球，或者可以包含地物的特征。如果拥有一个海平面，水面上的月光可能有助于创造一个有吸引力的焦点。

5. 捕捉拍摄

一旦月亮升起，尝试曝光和 ISO 设置，确保你能获得前景中的细节而不会使月球过度曝光。这一切都是为了等待一个理想的时刻：当月亮的光线与渐暗的暮色平衡，天空清晰以及月亮的圆盘在前景上方一定高度的时候。

6. 编辑和增强

当你获得照片之后，把它们载入照片编辑软件以进行最终的图像增强是非常值得的。软件允许你在一幅图像中调亮"阴影"或调亮其他昏暗区域——这可以帮助你显示曝光不足的前景细节。

高帧频成像基础

学习如何消除地球大气的抖动，拍摄出清晰的月球图像。

高帧频相机需要使用计算机控制。

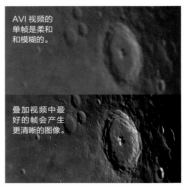

AVI 视频的单帧是柔和和模糊的。

叠加视频中最好的帧会产生更清晰的图像。

拿着数码相机或智能手机对准望远镜的目镜，抓拍月亮的圆面，你可能会注意到，在不同的帧下图像的清晰度是不同的。在照片的一个区域内，你可能捕捉到一个环形山口的清晰视野，而在照片的其他区域，图像稍微模糊。在下一次拍摄中，另一个区域可能更加锐利，或者整个月面可能明显变柔和了。

这种时时刻刻的细微变化都是由于大气层的湍流造成的。当天文学家谈到好的"视宁度"条件时，他们的意思是这些湍动不那么明显，并且视场更加稳定。即使是在一个正常的夜晚，可能只会有非常短暂的稳定时刻，让我们得以短暂而清晰地看到月球表面。如果我们能找到一种方法来捕捉这些瞬间并将它们合成一张非常清晰的图像，那将如何？

这正是高帧频月球成像背后的原理。通过使用网络摄像头或专业的高帧频相机和计算机，天体摄影师可以捕捉到数百帧甚至数千帧的短视频。而后，使用 RegiStax 或者 AutoStakkert 等软件，可以对这些视频中的帧进行排序，只选取最好的帧。然后将它们堆叠在一起形成最终的图像，经过仔细锐化可以得到非常细致的图像。

焦距与构图

学习如何在图像框内正确放置目标将改善你的天文照片布局。

说到构图以及选择什么样的焦距来拍摄月球自然会对最终的照片产生巨大的影响。

短焦距数码单反镜头能够获得一个宽阔的视角，使得月球看起来很小——适合展示周围广阔的天空或融入大规模的大气现象。

使用更长焦距的镜头，或者小型折射望远镜，将会完全改变图像的感觉：在这里，遥远的树木、山丘或建筑物可以被拉近，月球的圆盘在它们上面若隐若现。然后是高帧频成像下的高倍率世界，其视场通常非常小。即使是这种情况，你也值得去考虑应该在视野中的哪个位置放置你正在成像的月表特征，以及精心设计的拼接图像是否能够有效地吸引观众的眼球。

▲ 短焦距可以让你在更广阔的背景下拍摄月球。

▲ 通过更长的焦距，你可以更加接近前景目标，并且为其注入新的活力。

▲ 在高倍率下，月球月盘被单独特征的一瞥所取代。

一步步拍摄地球反照

探索如何对被地球散射光照亮的月球部分进行成像。

1. 查阅日历

了解月球何时会变成一弯细细的新月——你可以使用智能手机应用程序或天文软件，如Stellarium来查询。在新月前后的4天拍摄都是非常理想的。

2. 准备好你的设备

这取决于你的拍摄时间，月球会位于西方或者东方地平较低的位置，因此请确保你有一个清晰的视角。像往常一样设置好你的转台、望远镜和相机——你需要一个拥有电机驱动的转台。本教程将使用单反数码相机和小型折射望远镜或长焦镜头来教学。

3. 将月亮导入视场

设置好设备之后，移动或旋转你的望远镜，将月球导入视场之中。如果你的转台能够以月球的速度跟踪而非恒星速度，那么最好选择月球跟踪速度，尤其是计划使用更长焦的镜头或望远镜时。

4. 图像调焦

获得一张清晰锐利的图像是抓拍地球反照的关键，因此要确保图像位于焦面上。此处，现代单反数码相机的实时预览功能就特别有用了。观测新月不规则的内边缘是判断对焦是否合适的好方法。

5. 确定构图

接下来请看看你视场中的构图。如果视场相当开阔，可以考虑包括进去一些树木、远处的灌木篱笆或一些建筑物。如果你是近景拍摄，请考虑过度曝光的月牙和它周围的光晕在图像中看起来如何。

6. 拍摄

请确保使用"RAW"格式进行拍摄，以便在编辑时更方便。与其他形式的月球摄影不同，地球反照通常只需要单次拍摄。使用远程控制快门释放信号，这将避免图像受到按下快门按钮时的抖动而造成的模糊。

7. 设置

所需要的相机设置将根据设备设置的不同而有所不同。在ISO 400—1600下，几秒的曝光时间应该足够，这也会伴随着新月不可避免的过度曝光。例如，较长的低ISO曝光将产生更加平滑的图像，但也可能会导致前景模糊，因为我们使用了转台跟踪。

8. 调整、修图和最终编辑

像Photoshop和GIMP等编辑软件允许你调整"图层"来改善色彩平衡、亮度和对比度。你也可以使用"模糊滤镜"工具来锐化月球圆盘上的细节。

月球表面的最佳拍摄目标

如果你想尝试高倍率月球成像，这里有 **8** 个最佳目标可助你前行。

凯瑟琳娜，西里尔和西奥菲勒斯

这 3 个环形山是月球上被拍摄最多的环形山之一。如果你想获得一张特别引人注目的照片，请在上弦月的前两天拍摄它们。

亚里士多德

亚里士多德环形山位于冷海边缘。当从低角度照射时，它错综复杂的抛射物和阶梯状的壁垒使它成为一个绝佳的拍摄对象。

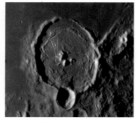

伽桑狄

你可以在湿海北岸找到伽桑狄环形山。当你拍摄它时，良好的视宁度条件是获得内部月溪系统清晰图片所必需的。

柏拉图和阿尔卑斯大峡谷

位于雨海东北部边缘的这一区域拥有很多富有吸引力的目标，柏拉图环形山和附近的阿尔卑斯大峡谷是其中任何月球拍摄者都不应该忽略的两个目标。

直壁

这个巨大的断层也被称为直墙，是一个用来观测和成像的迷人特征。你需要在其斜照时捕捉到它，否则它实际上是不可见的。

薛定谔谷

薛定谔谷，或称薛定谔月谷，毗邻著名的阿里斯塔克环形山。捕捉这个蜿蜒的火山特征细节是对初学者成像技巧的一个很好的考验。

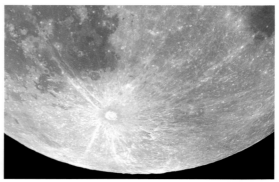

第谷射线系统

这种明亮的物质被称为射线抛射物，由于形成第谷环形山的撞击而在月球表面炸裂，这是为数不多的在满月时最美妙的月球特征之一。

哥白尼

作为月球上最壮观的环形山之一，哥白尼拥有一切。其宏伟的阶梯式壁垒、醒目的中央山峰和周围的喷射物覆盖层使其成为一个伟大的成像目标。

无人探月任务应当持续

我们的探测器和漫游者机器人已经告诉我们了很多关于月球的信息，它们应当继续探索它的奥秘。

人类已经登上了月球，在那里建立了全自动记录站点，轨道探测器也已经绘制出了月球的整个表面，包括其中由于总是背向我们而在地球上永远无法开展研究的那 41% 的区域。因此，现在正是我们问自己两个问题的时候了：首先，我们是否真的已经对月球有了完整的了解？其次，开展进一步的无人探月任务有什么意义？

第一个问题的答案是一声响亮的"不"字。我们还没有找到更多的关于可见月壳之下的物质，尤其是美国所痴迷的在此处寻找到冰的希望。确实，一些极地环形山的底部被永久遮蔽，因此温度仍然很低，从这个角度来看，冰可能会持续存在。但它是如何到达那里的呢？是否有任何真实的证据支持它的存在呢？

美国阿波罗号的宇航员和苏联的无人驾驶任务所带回地球的所有月球岩石都表明，月球极其干燥，而且一直如此。样本来自于很多地区，它们都讲述了同样

的故事。因此，任何冰都不可能是真正"月球的"；它一定是被带到了那里，而唯一可以想象到的传送者就是彗星。彗星富含冰并且月球在过去经常受到它们的轰击——这种情况今天仍可能发生（只要想想 1994 年木星和苏梅克－列维 9 号）。

反对冰的理由

一颗彗星的撞击会产生大量的热量——当然，这些热量足以蒸发掉任何结冰的物质。此外，足以产生一个大陨石坑的猛烈撞击会把大部分碎片从月球上抛射出去，而落下来的任何冰块都会在着陆时蒸发。

我承认，我一直以来对来自月球和火星的陨石持怀疑态度，但证据确凿，我很可能是错的（就像多年来我错误地认为火山活动是月球主要环形山的成因一样）。但是，如果月球和火星上大块的物质可以被撞击轻松抛出，当然小碎片也是如此。你不可能二者兼得。

证据来自于从克莱门汀起始的调查，这在美国引发了耸人听闻的说法——月球上有足够的冰，能够为一座大型月球城市提供水源，而媒体报道给人的印象是，仅仅需要去极地环形山把冰铲出即可。唉，事情永远不会如此简单，因为冰不是裸露的，而是与岩石结合在一起的。无论如何，克莱门汀检测的——或者说已经测定的，根本不是冰，而是氢。

这是一个非常不同的场景。美国只是推断，氢的存在将意味着存在冰——但为什么应该如此呢？氢更有可能来自太阳风，其一直袭击月球表面。当后来的勘探者号探测器被故意撞向极地环形山时，弹出的碎片再一次表明那里无冰。

对我而言，最后一个负面证据来自水星。在这里，从水手 10 号探测器发回的数据来看，冰也被怀疑存在于极地环形山中——

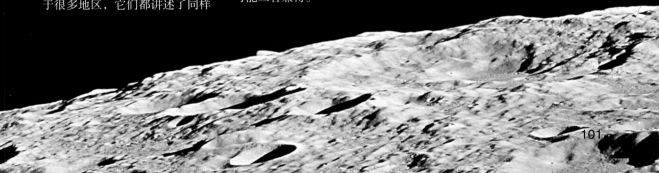

水手 10 号（在撰写本文时）是唯一到达这个迷人但令人生畏的小世界的探测器，而在那些确实阳光充足且不可能有冰的地方发现了同样的迹象。然而 NASA 并没有放弃，其最新探测计划仍然包含搜索冰。我有一种不值得的怀疑，或许政治与此有关，但时间会证明一切。

机器人先锋队

我们生活在太空时代，如果能避免更多的战争，我们希望不久的将来在太空研究方面取得实际性进展。值得注意的是，空间科学与许多其他科学密切相关，尤其是医学。国际月球基地作为一个医学中心、物理中心和天文台，将对人类具有不可估量的价值。从纯技术角度来看，它很可能在 2030 年之前就能建成，但是目前还存在一些严重的问题。在我看来，至少辐射是最糟糕的。在地球上，我们被大气层保护，而月球的大气层绝对可以忽略不计，根本没有任何保护作用。宇航员已经到达过月球，但他们停留的时间不长。一场大型太阳风暴的影响是什么？空间站的经验是不够的。

显而易见的答案是使用无人值守的站点，它可以长期监测并帮助我们评估风险程度。一旦我们知道了这一点，我们就能够采取适当的措施来确保任何月球站点工作人员的安全。至少我们可以排除地面扰动带来的任何危险——最强烈的"月震"也很温和，不会损坏设备。当然，流星体也具有一定的风险——人们认为它们不太可能构成重大威胁，不过同样，无人站点机器人可以告诉我们答案。

此外，还有资金需要考虑。在日常花费中，空间研究是昂贵的，但与国家预算相比，它并不那么昂贵。诚然，每年用于太空研究的资金确实可以支持国内相当多的医院，但它也为医学研究人员提供了巨大的帮助。

有很多月球计划正在进行，再过几十年，可能图书会在"托勒密印刷厂"印刷，而不是在地球。但有一件事是肯定的：人类去哪里冒险，机器人必须先行。

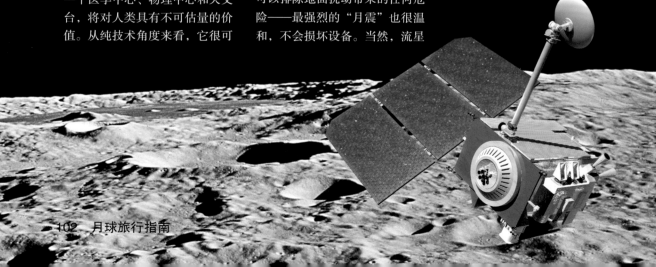

谷歌的月球 X 大奖

在 16 个入围的奖项中，只有几个即将在未来推出

宇宙机器人

宇宙机器人公司计划在该奖项颁发后，在未来为月球运送顾客。随着几个国家航天机构和商业公司的加入，它正在努力实现这一目标。除了漫游者安迪之外，任务最初的格里芬月球着陆器还将把来自新大陆和安吉列克维竞争团队的漫游者运送到太空，在它们竞争的第一个 500 米行程的过程中，创造了一场名副其实的太空竞赛。

月球快车

"月球快车"由阿波罗 11 号宇航员巴兹的儿子安德鲁·奥尔德林领导，他野心勃勃地期望有朝一日开采月球资源。他们是第一个对 MX-1 月球着陆器原型进行飞行测试的团队，演示了探测器的制导、导航和控制系统。他们还与火箭实验室签署了一项协议，从 2017 年开始至少要进行 3 次发射。

兼职科学家

包括来自世界各地的成员，兼职科学家是超过 100 名的科学家、工程师和计算机专家的团队。他们已经与几家航空公司和机构（包括 NASA）合作，在月球表面进行实验，并希望最终能够执行一项阿波罗 17 号仪器残骸研究任务，以了解这些材料在过去半个世纪表现如何。

印度河团队

印度的印度河团队已经证明他们的 HHK1 着陆器具有登陆月球的推进和导航能力。虽然他们尚未签署合同，但这个团队计划使用由该国航天局提供的印度火箭。他们的重点是利用低成本且可靠的硬件，建造一辆能够持续使用的月球漫游车。

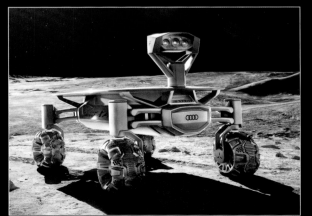

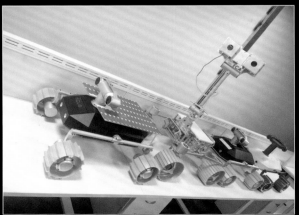

月球背面的望远镜

已经有一台望远镜在月球上了，然而为什么在月球背向我们的一侧再放置设备是如此的令人兴奋？

射电天文学家在 21 世纪处境艰难，移动电话、微波炉、电视和雷达在全球范围内的普及，产生了一种电磁"烟雾"，这经常干扰（有时甚至淹没）他们希望研究的数十亿光年以外的微弱信号。可悲的是，这是一场射电天文学家经常输掉的战斗，这就是为什么他们会把注意力转向月球。

安装在月球任何地方的望远镜与地面仪器相比，都有两个直接的优点：既没有局部的光污染，也没有大气扰动。安装在月球朝向地球一侧的射电望远镜将是一个显著的进步，考虑到月球较低的表面重力，因而有能力能够建造更大（因此更灵敏）的射电望远镜，但即使在 40 万千米之外，人类的射电干扰也会非常明显。

这并不是说把望远镜放置在朝向地球一面是毫无意义的——那里已经有一台望远镜了，一台 152.4 毫米（6 英寸）的紫外望远镜。由于我们的大气层，从地球上几乎不可能捕捉到紫外图像。到目前为止（在撰写本文时），该望远镜——月球上第一个从地球上控制的望远镜，已经运行了 2000 多个小时，观测了 40 颗恒星，并且传回了风车星系模糊的一瞥。

然而，月球背朝地球的一侧提供了更多的优势。放置在那里的射电望远镜将被 3500 千米宽的岩石所屏蔽，免受地球电磁干扰——这几乎就像我们的星球不存在一样。加上月球上为期两周的寒冷夜晚，使得灵敏的探测器很容易保持在超低温下运行。

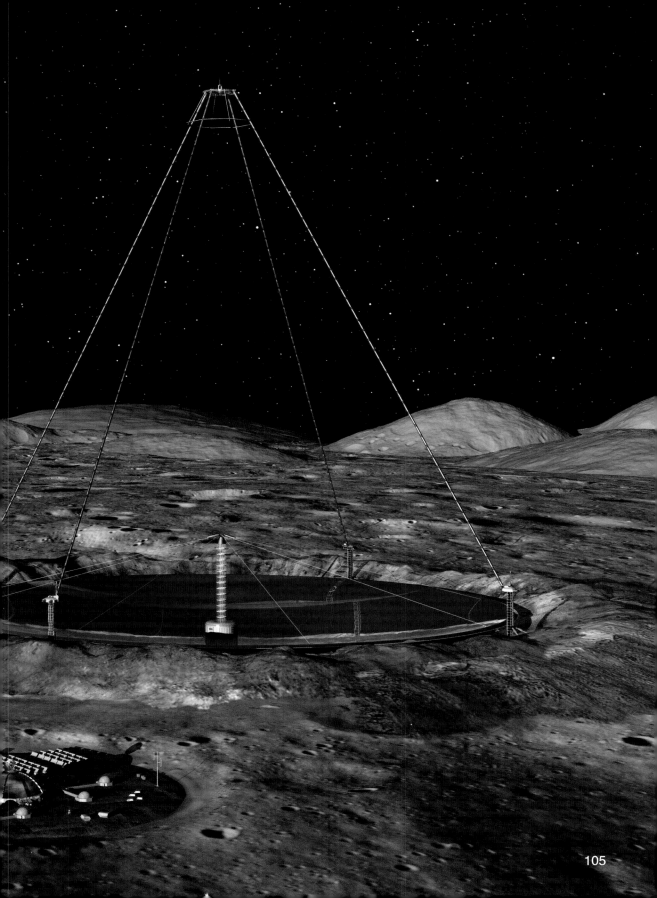

我们需要一个月球基地来探索恒星世界

太空旅行是充满挑战和危险的，但是我们的卫星可以成为完美的训练场地。

文：路易斯·达特内尔

宇宙空间是一个非常无情且充满敌意的旅行之地。如果忽略大灾难发生的机会，比如微陨石撞击降低航天器气压，在航天器内部的环境中也仍旧存在着许多固有的危险。人体试图重塑自身以适应微重力，这将会导致核心支撑肌肉萎缩，你的心脏将恶化，甚至你的骨头也开始变弱。这些只是宇航员返回地球后立即意识到的影响。

2013 年，来自格拉茨医科大学的南都·戈斯瓦米及其同事总结了一个好理由来重返月球以克服这些担忧以及其他许多问题。

宇航员也会有心理上的困难，因为他们每天都和同样的一小群人一起被困在航天器中。尽管从低地球轨道上看窗外的景象可能会令人惊叹，但与感官剥夺做斗争并让自己投入其中可能是一场真正的战争。例如，在地球上进行的火星 500 实验中，工作人员发现在大部分实验时间中他们都无精打采，睡眠很差。

未来的问题

如果未来的长期太空任务——人类访问火星或者附近的小行星以研究采矿潜力——想要成功的话，所有这些问题都需要解决。理解和避免这些问题的努力是以类似的星际空间任务情况下的研究为基础的。

在南极研究基地越冬的工作人员提供了对心理因素洞察的良好机会——事实上，在某些方面，他们所处的环境甚至比在月球上还要遥远和孤立。如果在冬季出现任何问题，比如突发医疗事件，由于天气原因，人类几乎不可能重返文明社会——而月球仅仅是一个为期 3 天的旅行。但南极并不能重现微重力环境，因此也不是测试生物效应的好地方。另一方面，国际空间站提供了失重状态，以及更类似于任何航天器的内部结构，但仍然受到了地球磁场的辐射屏蔽保护。

戈斯瓦米及其同事认为，月球是一个"高保真长时间太空探索模拟处"，这对我们来说意味着：月球是一个实践长期太空任务的好地方。他们说，一个月球基地为我们提供了了解星际任务下生理和心理问题的绝佳机会，同时保持了在紧急情况下相对接近地球的能力。因此，月球不仅为进一步的太空探索提供了一个伟大的中转站，而且也是一个宝贵的实验场所，用于测试保持宇航员身心健康所需要的所有必备技术。

而且它不仅仅是医学因素，月球基地还可以使我们发展移民外太空的其他关键技术，例如建造栖息地和种植粮食。

译者后记
天文教育——星辰大海征程中的铺路石

有人问我：为什么会选择天文教育？

月球是距离我们最近的一个自然天体，提起它，大家总会想起宁静的月色，想起故乡，想起爱情。虽然它离我们很近，虽然人类已经登上了月球，但是诚如本书所讲，我们对其还是知之甚少；它的成因、物质组成、地质活动等，需要我们一再靠近，一探究竟。太阳是距离我们最近的一颗恒星，古往今来，无数的诗歌讴歌日出的辉煌、日落的绚丽，数千年来人类一直在探索太阳的奥秘，现在我们已经熟知了它的很多参数，例如与地球的距离、半径、质量、年龄，但还有更多的未解之谜等待着我们去揭示：太阳活动的起源，其与空间环境变化间的关系，太阳和太阳系与星际介质的相互作用等。再往更遥远的地方，茫茫宇宙中有太多的奥秘需要我们去追问、探索……

这样一门学科，如何不值得人类沉迷其中？不是"我"，而是"我们"，更多的"我们"，通过进行科学普及和专业的教育工作，让更多的人对探索宇宙和星空的奥秘产生浓厚的兴趣。

不久前，一位生物学教授无比自豪地向我们展示了生物学研究所取得的令人瞩目的进展："在可期的未来，人类的预期寿命将达到 100 岁甚至 120 岁。"在心潮澎湃于小小人类的伟大力量的同时，我的脑海中不禁冒出来一点点担忧：现在人类所需的粮食、矿产和电力已经开始让地球不堪重负，那么人类寿命的急速增长，对于这个蓝色星球将会是多么残酷的问题。

不可否认的是，在现代基础理论的框架下，还存在应用技术可以突破的空间，例如量子科技、人工智能，例如可控核聚变，这些突破将带给人类丰富的能源，也将带给人类无尽的希望——使人类"开启星际征程、开发星际资源"成为可能。到那时，天文学将不再是一门少数人掌握的、高冷的基础理论学科，它还关系到我们星际航海时代的"航海图""海岛"与"暗礁"，关系到我们星际航海征程的"目的地"与"加油站"……

▲ 仙女座大星云（M31）是本星系群中最大的星系，身处"星际航海时代"的人类需要描绘无数类似星团、星系的图景。

◀ 中秋的圆月总是伴随着收获，这愈发显得月球与人类的生活息息相关。

▲ 在《发现宇宙》课程上（陈建生院士讲授，黄亚芳拍摄）。

　　届时，要在这场未来的博弈中占得先机，"我"是远远不够的，而是需要"我们"并肩作战；而强大的"我们"必然需要教育、需要源源不断的新生力量来武装自己。

　　然而就天文教育而言，我们还任重而道远。

　　最初大学开设天文专业时，本科生中的《发现宇宙》《动手天文学》等课程受欢迎的程度让我惊叹，但随着热度的慢慢减退，学生们的兴趣变得低迷。我们苦苦寻找这一现象的原因：或许是由于课程未跟上新的教育趋势和教育理念；或许是学生们对天文学的未来仍旧不够认可；或许是社会对天文学还存在诸多不了解，对其感到陌生……改变这些现状将是一个艰辛且漫长的过程，但非常有意义。于是我们在课程里加入了一点探索与研究的内容：我们在课余组织了一次热火朝天的天文辩论，我们在与学生谈心的时候探讨了一些人类未来的命运与星辰大海的梦想……或许一场讲座、一篇公众号文章、一本科普书并不能立竿见影改变什么，但这样的一个个脚印，终将引领天文教育前行、发展。

　　诚然，如本书最后一章所讲的那样，月球将是我们开启星际征程的试验场和中转站，它能够用来测试星际航行设备的能力，研究星际航行中宇航员的心理和生理状态，作为星际航行的发射场和能源供应站……如火如荼的月球探测计划将是人类星辰大海征程的序幕。

　　那么，一门基础的天文课，或者一本有趣的科普图书，也将会是天文普及教育的探路者和先行者。

　　就让我们从现在开始，随时准备扬帆起航！

◀ 嫦娥四号着陆器地形地貌相机——人类探索宇宙的脚步从未停歇。